Programma di Matematica e Fisica

PROGRAMMA DI MATEMATICA, FISICA, ELETTRONICA

Mario Ageno, *Elementi di fisica*
T.M. Apostol, *Calcolo*
Vol. 1 *Analisi 1*
Vol. 2 *Geometria*
Vol. 3 *Analisi 2*
Michael Artin, *Algebra*
Luca Baracco e Giuseppe Zampieri, *Analisi 1*
Vincenzo Barone, *Relatività: princìpi e applicazioni*
Franco Bassani e Umberto M. Grassano, *Fisica dello stato solido*
Daniele Bertaccini, Carmine Di Fiore, Paolo Zellini, *Complessità e iterazione: percorsi, matrici e algoritmi veloci nel calcolo numerico*
Michiel Bertsch, *Istituzioni di matematica*
Scipione Bobbio e Emilio Gatti, *Elettromagnetismo Ottica*
Max Born, *Fisica atomica*
Francesco Bottacin e Giuseppe Zampieri, *Analisi 2*
Stefano Campi, Massimo Picardello e Giorgio Talenti, *Analisi matematica e calcolatori*
Vito Cappellini, *Elaborazione numerica delle immagini*
Francesco Carassa, *Comunicazioni elettriche*
Sergio Carrà, *Termodinamica: aspetti recenti e applicazioni alla chimica e all'ingegneria*
Ciro Ciliberto, *Algebra lineare*
Claudio Citrini, *Analisi matematica 1*
Claudio Citrini, *Analisi matematica 2*
Chiara de Fabritiis e Carlo Petronio, *Esercizi svolti e complementi di Topologia e Geometria*
P.A.M. Dirac, *I princìpi della meccanica quantistica*
Albert Einstein, *Il significato della relatività*
Antonio Fasano e Stefano Marmi, *Meccanica analitica con elementi di meccanica statistica e dei continui*
Enrico Fermi, *Termodinamica*
Giorgio Franceschetti, *Campi elettromagnetici*
Giovanni Gallavotti, *Meccanica elementare*
Graziano Gentili, Fabio Podestà e Edoardo Vesentini, *Lezioni di geometria differenziale*
Enrico Giusti, *Analisi matematica 1*
Enrico Giusti, *Analisi matematica 2*
Enrico Giusti, *Elementi di Analisi matematica*
Enrico Giusti, *Esercizi e complementi di analisi matematica*: vol. 1
Enrico Giusti, *Esercizi e complementi di analisi matematica*: vol. 2
Angelo Guerraggio, *Matematica generale*
Hermann Haken e Hans C. Wolf, *Fisica atomica e quantistica*
Werner Heisenberg, *I princìpi fisici della teoria dei quanti*
David A. Hodges e Horace G. Jackson, *Analisi e progetto di circuiti integrati digitali*
Charles Kittel, *Introduzione alla fisica dello stato solido*
Charles Kittel e Herbert Kroemer, *Termodinamica statistica*
Serge Lang, *Algebra lineare*, terza edizione
P.F. Manfredi, Piero Maranesi e Tiziana Tacchi, *L'amplificatore operazionale*
Paolo Maria Mariano e Luciano Galano, *Fondamenti di meccanica dei solidi*
Jacob Millman, *Circuiti e sistemi microelettronici*
Jacob Millman e C.C. Halkias, *Microelettronica*
R.S. Muller e T.I. Kamins, *Dispositivi elettronici nei circuiti integrati*
Giuseppe Mussardo, *Il modello di Ising: introduzione alla teoria dei campi e delle transizioni di fase*
Luciano Pandolfi, *Analisi matematica 1*
Athanasios Papoulis, *Probabilità, variabili aleatorie e processi stocastici*
Wolfgang Pauli, *Teoria della relatività*
B. Povh, K. Rith, C. Scholz e F. Zetsche, *Particelle e nuclei: un'introduzione ai concetti fisici*
Ilya Prigogine e Dilip Kondepudi, *Termodinamica: dalle macchine termiche alle strutture dissipative*
Giovanni Prodi, *Analisi matematica*
Giovanni Prodi, *Lezioni di analisi matematica II*
Antonio Ruberti e Alberto Isidori, *Teoria dei sistemi*
Walter Rudin, *Analisi reale e complessa*
H.H. Schaefer, *Introduzione alla teoria spettrale*
Edoardo Sernesi, *Geometria 1*
Edoardo Sernesi, *Geometria 2*
Luigi Sertorio ed Erika Renda, *Ecofisica*
I.M. Singer e J.A. Thorpe, *Lezioni di topologia elementare e di geometria*
Giovanni Soncini, *Tecnologie microelettroniche*
Guido Tartara, *Teoria dei sistemi di comunicazione*
Alberto Tesei, *Istituzioni di analisi superiore*
Mario Vietri, *Astrofisica delle Alte Energie*

ENRICO FERMI

TERMODINAMICA

BOLLATI BORINGHIERI

Prima edizione 1958
Seconda edizione 1972
Ristampa febbraio 2024

Titolo originale *Thermodynamics*, 1936
Traduzione di Antonio Scotti

Torino, corso Vittorio Emanuele II, 86
Gruppo editoriale Mauri Spagnol
ISBN 978-88-339-5182-9

www.bollatiboringhieri.it

Stampato in Italia dalla Micrograf S.r.l. di Mappano di Caselle (To)

Indice

Prefazione

Il presente libro è la raccolta delle lezioni da me tenute presso la Columbia University, New York, durante la sessione estiva del 1936. Esso costituisce un trattato elementare abbastanza completo, basato esclusivamente sulla termodinamica pura; nondimeno, gli argomenti trattati presuppongono da parte del lettore una certa famigliarità con i principi fondamentali della termometria e calorimetria. Ove necessario, sono stati dati alcuni cenni sull'interpretazione statistica della termodinamica.

Nello scrivere il presente libro, ho tenuto soprattutto presente le note compilate — nel corso delle lezioni — dal dottor Lloyd Motz della Columbia University, il quale ha curato anche la revisione critica del manoscritto. A lui vada il mio vivo ringraziamento per l'efficace e intelligente collaborazione.

E. F.

Termodinamica

Introduzione

La termodinamica si occupa principalmente di trasformazioni di calore in lavoro meccanico e delle trasformazioni inverse di lavoro meccanico in calore.

Solo in tempi relativamente recenti è stato riconosciuto dai fisici che il calore è una forma di energia che può essere trasformata in altre forme di energia. Precedentemente gli scienziati pensavano che il calore fosse una specie di fluido indistruttibile, e interpretavano il processo di riscaldamento di un corpo semplicemente come il passaggio di questo fluido da un corpo a un altro. È quindi notevole il fatto che Carnot, sulla base di questa teoria fluidica del calore, sia riuscito, nell'anno 1824, a pervenire a una comprensione relativamente chiara dei limiti inerenti alla trasformazione di calore in lavoro, vale a dire di quanto è oggi noto sotto il nome di "secondo principio della termodinamica" (cap. 3).

Nel 1842, dopo solo diciotto anni, Robert Julius Mayer scoprí l'equivalenza tra calore e lavoro meccanico, ed enunciò per la prima volta il principio di conservazione dell'energia (primo principio della termodinamica).

Noi oggi sappiamo che il principio fondamentale per comprendere l'equivalenza tra calore ed energia dinamica deve ricercarsi nell'interpretazione cinetica, che riduce tutti i fenomeni termici a movimenti disordinati di atomi e molecole. Da questo punto di vista, lo studio del calore va considerato come uno speciale ramo della meccanica: la meccanica di un insieme cosí numeroso di particelle (atomi e molecole), che la descrizione dettagliata dello stato e del moto perde importanza e occorre considerare solamente le proprietà medie dell'insieme. Questo ramo della meccanica, che si è sviluppato soprattutto per merito di Maxwell, Boltzmann e Gibbs, è chiamato *meccanica statistica*; esso ha portato a una comprensione molto soddisfacente delle leggi fondamentali della termodinamica.

Il punto di vista in termodinamica pura è però differente: qui i princípi fondamentali sono assunti come postulati fondati sull'esperienza, e si traggono conclusioni da essi senza entrare nel meccanismo cinetico dei fenomeni. Questo modo di procedere ha il vantaggio di essere largamente indipendente dalle ipotesi semplificatrici che vengono spesso introdotte quando si fanno considerazioni di meccanica statistica; ne segue che i risultati termodinamici sono generalmente molto precisi. D'altro canto, è piuttosto insoddisfacente ottenere dei risultati senza essere in grado di vedere in dettaglio come vanno le cose; è assai spesso opportuno, quindi, completare un risultato termodinamico con un'interpretazione cinetica, sia pure grossolana.

Il primo e il secondo principio della termodinamica hanno il loro fondamento statistico nella meccanica classica. In tempi relativamente recenti, Nernst ha aggiunto un terzo principio, che può essere interpretato statisticamente solo mediante concetti quantistici. Le conseguenze del terzo principio saranno trattate nell'ultimo capitolo di questo libro.

Capitolo 1. Sistemi termodinamici

1. LO STATO DI UN SISTEMA E LE SUE TRASFORMAZIONI

Lo stato di un sistema in meccanica è completamente definito quando siano note, in un dato istante, la posizione e la velocità di ciascun punto materiale del sistema. Questo vuol dire conoscere $6N$ variabili per un sistema composto di N punti materiali.

In termodinamica si introduce un concetto di stato diverso da questo, e molto piú semplice. In pratica non sarebbe conveniente usare la definizione dinamica di "stato" per i sistemi trattati in termodinamica, in quanto essi contengono un grandissimo numero di punti materiali (gli atomi e le molecole), cosicché sarebbe impossibile assegnare le $6N$ variabili occorrenti per la sua specificazione. Inoltre, questo modo di procedere sarebbe inutile, poiché le quantità trattate in termodinamica sono proprietà medie del sistema; conseguentemente, una conoscenza dettagliata del moto di ciascun punto materiale sarebbe superflua.

Per chiarire il concetto termodinamico di stato di un sistema, discutiamo prima alcuni esempi semplici.

SISTEMA COMPOSTO DI UN FLUIDO OMOGENEO CHIMICAMENTE DEFINITO Per un sistema di questo tipo, si possono misurare le seguenti grandezze: la temperatura t, il volume V, e la pressione p. La temperatura può essere misurata ponendo un termometro a contatto col sistema per un intervallo di tempo sufficiente perché si stabilisca l'equilibrio termico. Com'è noto la temperatura definita da un termometro (per esempio un termometro a mercurio) dipende dalle proprietà della sostanza termometrica usata. Facciamo la convenzione, per il momento, di usare lo stesso tipo di termometro in tutte le misure di temperatura, cosí che esse siano tutte confrontabili.

Le proprietà geometriche del nostro sistema sono caratterizzate non solo dal suo volume, ma anche dalla sua forma. Tuttavia, la maggior parte delle proprietà termodinamiche sono largamente indipendenti dalla forma, e quindi il volume è l'unico dato geometrico che si assegna di solito. Solamente nel caso in cui il rapporto tra superficie e volume è molto grande (per esempio nel caso di una sostanza finemente suddivisa) bisogna tener conto della superficie.

Per una data quantità di sostanza contenuta nel sistema, la temperatura, il volume e la pressione non sono quantità indipendenti; esse sono legate da una relazione la cui forma generale è la seguente:

$$f(p, V, t) = 0; \qquad [1.1]$$

essa è chiamata *equazione di stato*. La sua forma dipende dalle proprietà della sostanza che si considera. Ciascuna delle tre variabili che compaiono nella relazione sopra considerata può essere espressa in funzione delle altre due risolvendo l'equazione [1.1] rispetto alla variabile che interessa. Quindi lo stato del sistema è completamente determinato da due qualunque delle tre quantità p, V e t.

Molto spesso è conveniente rappresentare graficamente queste due quantità in un sistema di assi cartesiani ortogonali. Per esempio, si può usare una rappresentazione (V, p) riportando V sull'asse delle ascisse e p sull'asse delle ordinate; a questo modo, un punto del piano (V, p)

definisce lo stato del sistema. I punti che rappresentano stati di uguale temperatura giacciono su una curva che è chiamata *isoterma*.

SISTEMA COMPOSTO DI UN SOLIDO OMOGENEO CHIMICAMENTE DEFINITO In questo caso, per definire lo stato del sistema, possiamo introdurre, oltre alla temperatura t e al volume V, la pressione che si esercita nelle diverse direzioni. Nella maggior parte dei casi, tuttavia, si fa l'ipotesi che il solido sia assoggettato a una pressione isotropa, cosí che occorre considerare un solo valore della pressione come nel caso di un fluido.

SISTEMA COMPOSTO DI UNA MISCELA OMOGENEA DI DIVERSI COMPOSTI CHIMICI In questo caso le variabili che definiscono lo stato del sistema sono non solo la temperatura, il volume e la pressione, ma anche le concentrazioni dei diversi composti chimici che compongono la miscela.

SISTEMA NON OMOGENEO Per definire lo stato di un sistema non omogeneo, bisogna poterlo suddividere in un certo numero di parti omogenee, finite o infinitesime. Quest'ultima possibilità, considerata molto raramente in termodinamica, si ha quando le proprietà del sistema, o almeno di alcune delle sue parti, variano con continuità da punto a punto. Lo stato del sistema è allora definito assegnando la massa, la composizione chimica, lo stato di aggregazione, la pressione, il volume e la temperatura di ciascuna parte omogenea.

È ovvio che queste variabili non sono tutte indipendenti. Cosí, per esempio, la somma delle quantità di ciascun elemento chimico presente nelle diverse parti omogenee deve essere costante e uguale alla quantità totale di quell'elemento presente nel sistema. Inoltre, il volume, la pressione e la temperatura di ciascuna parte omogenea avente una data massa e composizione chimica sono legati da un'equazione di stato.

SISTEMA CHE CONTIENE PARTI IN MOVIMENTO In quasi ogni sistema trattato in termodinamica, si suppone che le diverse parti del sistema siano o in quiete o in moto cosí lento, che le loro energie cinetiche si possano trascurare. Se questo non accade, si debbono dare anche le velocità delle varie parti del sistema per definirne lo stato in maniera completa.

Da quanto si è detto risulta evidente che lo stato dinamico del sistema non risulta affatto noto se si conosce lo stato termodinamico. Studiando lo stato termodinamico di un fluido omogeneo di dato volume a una data temperatura (la pressione risulta allora definita dall'equazione di stato), noi osserviamo che vi è una infinità di stati di moto molecolare che corrispondono ad esso. Nella sua evoluzione temporale, il sistema passa successivamente per tutti questi stati dinamici che corrispondono allo stato termodinamico considerato. Da questo punto di vista, possiamo dire che uno stato termodinamico è l'insieme di tutti gli stati dinamici attraverso i quali esso passa rapidamente in conseguenza dei movimenti molecolari. Questa definizione di stato è un po' astratta e non del tutto univoca; noi indicheremo perciò, in ciascun caso particolare, quali sono le variabili di stato.

Tra gli stati termodinamici di un sistema, hanno particolare importanza gli *stati di equilibrio*. Questi stati hanno la proprietà di rimanere inalterati se non cambiano le condizioni esterne. Cosí, per esempio, un gas chiuso in un recipiente di volume costante è in equilibrio quando la pressione è costante in ogni punto e la sua temperatura eguaglia quella del recipiente.

Molto spesso dovremo considerare *trasformazioni* di un sistema, da uno stato iniziale a uno stato finale, attraverso una successione continua di stati intermedi. Se lo stato del sistema può essere rappresentato con un diagramma (V, p), una tale trasformazione verrà rappresentata da una curva che connette i due punti che rappresentano gli stati iniziale e finale.

Si dice che una trasformazione è *reversibile* quando gli stati attraverso i quali il sistema passa durante la trasformazione differiscono per quantità infinitesime da stati di equilibrio. Una trasformazione reversibile può perciò connettere solamente stati di equilibrio. Per realizzare in pratica una trasformazione reversibile, bisogna alterare le condizioni esterne in modo così lento che il sistema abbia tempo di adattarsi gradualmente alle nuove condizioni alle quali viene via via assoggettato. Per esempio si può far avvenire un'espansione reversibile di un gas ponendolo in un cilindro con un pistone mobile e spostando molto lentamente il pistone verso l'esterno. Se spostassimo il pistone molto rapidamente, si produrrebbero delle correnti nella massa gassosa in espansione, e gli stati intermedi non sarebbero più stati di equilibrio.

Se trasformiamo un sistema reversibilmente da uno stato iniziale A a uno stato finale B, possiamo poi riportare il sistema per mezzo della trasformazione inversa da B ad A attraverso la stessa successione di stati percorsi in ordine inverso: per far questo, dobbiamo semplicemente alterare le condizioni esterne molto lentamente in senso opposto a quello tenuto nell'originaria trasformazione. Così, è possibile ricomprimere il gas precedentemente considerato al suo volume originario e riportarlo al suo stato iniziale spostando molto lentamente il pistone verso l'interno: la compressione ha luogo in modo reversibile, e il gas passa attraverso la stessa successione di stati percorsa durante la espansione.

Durante l'espansione il sistema può compiere del "lavoro" esterno positivo o negativo, vale a dire il sistema può compiere del lavoro sui corpi che lo circondano ovvero questi ultimi possono compiere del lavoro sul sistema. A titolo esemplificativo, consideriamo un corpo contenuto in un recipiente cilindrico dotato di un pistone mobile di area S alla sua estremità (fig. 1). Sia p la pressione che il corpo esercita contro le pareti del recipiente; allora pS è la forza esercitata dal corpo sul pistone. Se si sposta il pistone di un tratto infinitesimo $\mathrm{d}h$, si compie un lavoro infinitesimo

$$\mathrm{d}L = pS\,\mathrm{d}h\,, \tag{1.2}$$

poiché lo spostamento è parallelo alla forza. Ma $S\,\mathrm{d}h$ è uguale all'aumento di volume $\mathrm{d}V$ del sistema, cosicché si può scrivere [1]

$$\mathrm{d}L = p\,\mathrm{d}V\,. \tag{1.3}$$

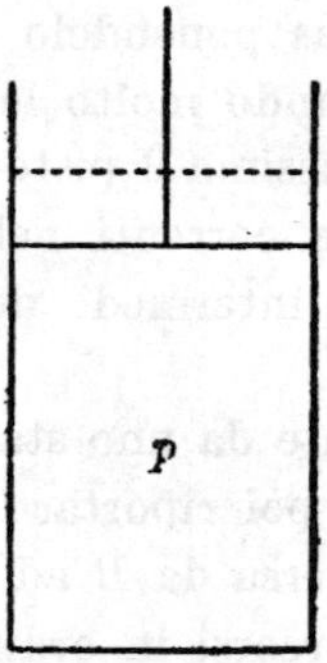

Fig. 1.

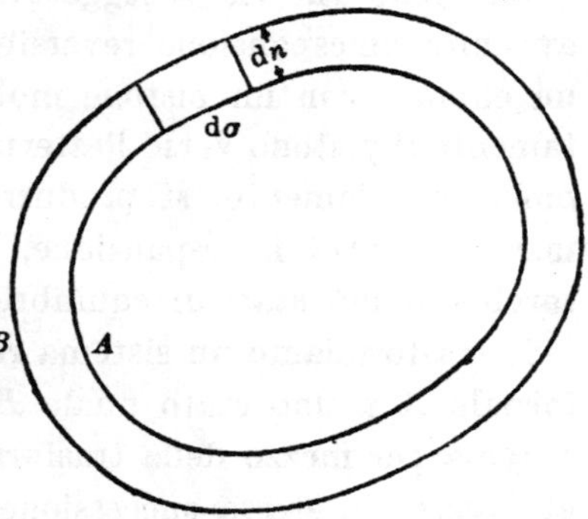

Fig. 2.

[1] È ovvio che la [1.3] è valida in generale, qualunque sia la forma del recipiente. Si consideri infatti un corpo a pressione uniforme p, contenuto in un recipiente di forma irregolare A (fig. 2). Si consideri poi una trasformazione infinitesima del sistema durante la quale le pareti del recipiente si muovono da una posizione iniziale A a una posizione finale B, lasciando così espandere il corpo contenuto nel recipiente. Sia $\mathrm{d}\sigma$ un elemento di superficie del recipiente, e sia $\mathrm{d}n$ lo spostamento di questo elemento nella direzione normale alla superficie del recipiente. Il lavoro fatto sull'elemento di superficie $\mathrm{d}\sigma$ dalla pressione p durante lo spostamento del recipiente dalla posizione A alla posizione B è ovviamente $p\,\mathrm{d}\sigma\,\mathrm{d}n$. Il lavoro totale fatto durante la trasformazione infinitesima si ottiene integrando l'espressione precedente su tutta la superficie σ del recipiente; poiché p è una costante, si ottiene

$$\mathrm{d}L = p\int \mathrm{d}\sigma\,\mathrm{d}n\,.$$

Ora, è evidente dalla figura che la variazione $\mathrm{d}V$ di volume del recipiente è data dall'integrale di superficie

$$\mathrm{d}V = \int \mathrm{d}\sigma\,\mathrm{d}n\,.$$

Confrontando questi due risultati, si ottiene la [1.3].

Per una trasformazione finita, il lavoro fatto dal sistema si ottiene integrando l'equazione [1.3]:

$$L = \int_A^B p \, \mathrm{d}V, \tag{1.4}$$

dove l'integrale è esteso a tutta la trasformazione.

Quando lo stato del sistema può essere rappresentato mediante un diagramma (V, p), il lavoro fatto durante una trasformazione ha una semplice rappresentazione geometrica. Consideriamo una trasformazione da uno stato iniziale indicato dal punto A a uno stato finale indicato dal punto B (fig. 3). Questa trasformazione sarà rappresentata da una

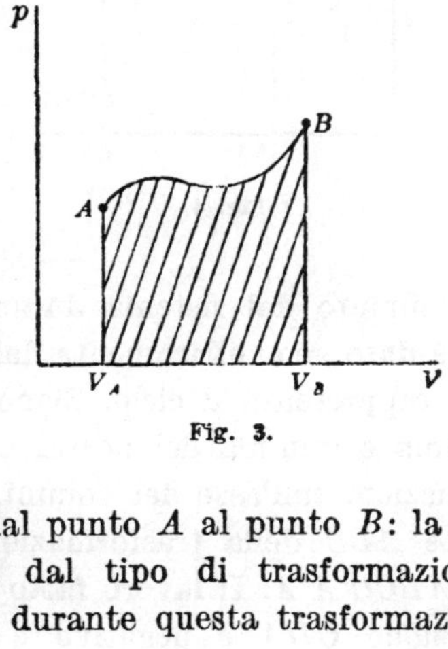

Fig. 3.

curva che va dal punto A al punto B: la forma di questa curva dipende dal tipo di trasformazione considerata. Il lavoro fatto durante questa trasformazione è dato dall'integrale

$$L = \int_{V_A}^{V_B} p \, \mathrm{d}V, \tag{1.5}$$

dove V_A e V_B sono i volumi corrispondenti agli stati A e B. Quest'integrale, e quindi il lavoro compiuto, può essere rappresentato geometricamente mediante l'area tratteggiata in figura.

Sono particolarmente importanti quelle trasformazioni nelle quali lo stato iniziale e lo stato finale sono gli stessi. Queste trasformazioni si dicono *trasformazioni cicliche* o *cicli*. Un ciclo è quindi una trasformazione che riporta il sistema al suo stato iniziale. Se lo stato del sistema può essere rappresentato mediante un diagramma (V, p), allora un ciclo è rappresentato da una curva chiusa, come per esempio la curva $ABCD$ (fig. 4).

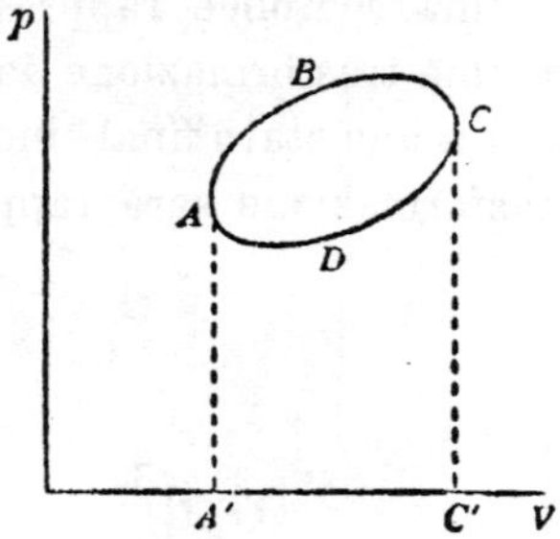

Fig. 4.

Il lavoro L compiuto dal sistema durante una trasformazione ciclica è dato geometricamente dall'area racchiusa dalla curva che rappresenta il ciclo. Siano A e C i punti di ascissa massima e minima del nostro ciclo, e siano A' e C' le loro proiezioni sull'asse dei volumi. Il lavoro fatto durante la parte ABC della trasformazione è positivo e uguale all'area $ABCC'A'A$. Il lavoro fatto durante il resto della trasformazione CDA è negativo e uguale all'area $CC'A'ADC$. In totale, il lavoro positivo fatto è dato dalla differenza fra queste due aree, ed è quindi uguale all'area racchiusa dal ciclo.

È da notare che il lavoro totale fatto è positivo, perché il ciclo è stato percorso in senso orario. Se lo stesso ciclo fosse percorso in senso antiorario, il lavoro fatto sarebbe ancora dato dall'area delimitata dal ciclo, ma avrebbe segno negativo.

Si dice *isocora* una trasformazione durante la quale il sistema non compie lavoro esterno. Supponendo che il lavoro dL compiuto durante un elemento infinitesimo della trasformazione sia dato, secondo l'equazione [1.3], da $p\,dV$, si ha per una trasformazione isocora $dV = 0$; ossia, integrando, $V =$ costante. Il che giustifica il nome isocora (volume costante) dato a questa trasformazione. È da notare, però, che il concetto di trasformazione isocora è piú generale, poiché esso richiede che per la trasformazione che si considera sia $dL = 0$, anche quando il lavoro dL non può essere rappresentato dall'equazione [1.3].

Si chiamano poi rispettivamente *isobare* e *isoterme* le trasformazioni durante le quali rimane costante la pressione o la temperatura del sistema.

2. GAS IDEALI O PERFETTI

L'equazione di stato di un sistema composto di una certa quantità di gas che occupa un volume V alla temperatura t e alla pressione p può essere espressa analiticamente da una legge molto semplice. Si può ottenere quest'equazione nella sua forma piú semplice passando dalla scala empirica delle temperature t, finora usata, a una nuova scala delle temperature T.

Provvisoriamente si può prendere per la temperatura T quella data da un termometro a gas, in cui il gas che fa da sostanza termometrica sia mantenuto a una pressione costante molto bassa. T è allora proporzionale al volume occupato dal gas. È ben noto che le indicazioni date da differenti termometri a gas, in queste condizioni, sono largamente indipendenti dalla natura del gas termometrico, purché esso sia sufficientemente lontano dal punto di condensazione. Si vedrà piú tardi (§ 9), tuttavia, che è possibile definire questa stessa scala delle temperature T mediante considerazioni termodinamiche generali in modo del tutto indipendente dalle particolari proprietà dei gas.

La temperatura T si dice *temperatura assoluta*. Le unità di misura per questa temperatura si prendono, di solito, in modo tale che la differenza di temperatura tra il punto di ebollizione e il punto di congelamento dell'acqua alla pressione di 1 atm risulti eguale a 100. Il punto di congelamento dell'acqua viene allora a corrispondere, come è ben noto, alla temperatura assoluta 273,1.

L'equazione di stato di un sistema composto di m grammi di un gas di peso molecolare M è data approssimativamente da

$$pV = \frac{m}{M} RT . \qquad [2.1]$$

R è una costante universale (cioè ha lo stesso valore per tutti i gas: $R = 8{,}314 \cdot 10^7$ erg/grado, ovvero, secondo quanto verrà esposto nel § 3, $R = 1{,}986$ cal/grado). L'equazione [2.1] viene chiamata *equazione di stato di un gas ideale* o *perfetto*; essa contiene le leggi di Boyle, Gay-Lussac e Avogadro. Nessun gas reale obbedisce esattamente all'equazione [2.1]. Si chiama gas perfetto o ideale una sostanza che obbedisce esattamente all'equazione [2.1].

Per una grammomolecola (o mole) di un gas (cioè per un numero di grammi di gas uguale al suo peso molecolare), si ha $m = M$, cosí che la [2.1] si riduce a

$$pV = RT . \qquad [2.2]$$

Dalla [2.1] o dalla [2.2] si può ottenere la densità ϱ del gas in funzione della pressione e della temperatura:

$$\varrho = \frac{m}{V} = \frac{Mp}{RT} . \qquad [2.3]$$

Per una trasformazione isotermica di un gas perfetto (trasformazione a temperatura costante), si ha

$$pV = \text{costante} .$$

Nel diagramma (V, p) le trasformazioni isotermiche di un gas perfetto sono allora rappresentate da iperboli equilatere che hanno gli assi V e p come asintoti.

Il lavoro compiuto dal gas durante una espansione isotermica da un volume iniziale V_1 a un volume finale V_2 può essere calcolato molto facilmente. Usando la [1.5] e la [2.1] si trova che esso è dato da

$$L = \int_{V_1}^{V_2} p\,\mathrm{d}V = \frac{m}{M} RT \int_{V_1}^{V_2} \frac{\mathrm{d}V}{V} = \frac{m}{M} RT \log \frac{V_2}{V_1} = \frac{m}{M} RT \log \frac{p_1}{p_2}, \quad [2.4]$$

dove p_1 e p_2 sono rispettivamente la pressione iniziale e la pressione finale. Per una mole di gas si ha

$$L = RT \log \frac{V_2}{V_1} = RT \log \frac{p_1}{p_2}. \quad [2.5]$$

Una miscela di diversi gas è regolata da leggi molti simili a quelle seguite da un gas chimicamente omogeneo. Chiameremo *pressione parziale* di un componente di una miscela di gas la pressione che questo componente eserciterebbe se occupasse da solo il volume occupato dalla miscela alla stessa temperatura di essa. La legge di Dalton per le miscele gassose si può allora formulare nel modo seguente: *La pressione esercitata da una miscela di gas è uguale alla somma delle pressioni parziali di tutti i componenti presenti nella miscela.*

Questa legge è seguita dai gas reali solo approssimativamente, ma si suppone che essa valga esattamente per i gas perfetti.

PROBLEMI

1. Calcolare il lavoro compiuto da un corpo che si espande da un volume iniziale di 3,12 litri a un volume finale di 4,01 litri alla pressione di 2,34 atm.
2. Calcolare la pressione di 30 g di idrogeno contenuto in un recipiente di 1 m³ alla temperatura di 18 °C.
3. Calcolare la densità e il volume specifico dell'azoto alla temperatura di 0 °C.
4. Calcolare il lavoro compiuto da 10 g di ossigeno che si espandono isotermicamente alla temperatura di 20 °C da 100 a 0,3 atm di pressione.

Capitolo 2.
Il primo principio della termodinamica

5. L'ENUNCIATO DEL PRIMO PRINCIPIO

Il primo principio della termodinamica è essenzialmente il principio della conservazione dell'energia per i sistemi termodinamici. In quanto tale, si può enunciarlo dicendo che la variazione di energia di un sistema durante una qualunque trasformazione uguaglia la quantità di energia che il sistema riceve dai corpi che lo circondano. Perché questo enunciato abbia un significato preciso, bisogna definire le frasi "energia del sistema" e "energia che il sistema riceve dai corpi che lo circondano durante una trasformazione".

Nel caso dei sistemi conservativi puramente meccanici, l'energia è uguale alla somma dell'energia potenziale e dell'energia cinetica, ed è quindi una funzione dello stato dinamico del sistema: infatti, conoscere lo stato dinamico del sistema equivale a conoscere le posizioni e le velocità di tutti i punti materiali che lo compongono. Se non vi sono forze esterne che agiscono sul sistema, l'energia rimane costante. Così, se A e B sono due stati successivi di un sistema isolato, e U_A e U_B sono le corrispondenti energie, allora

$$U_A = U_B .$$

Quando vi sono delle forze esterne che agiscono sul sistema,

U_A non è piú necessariamente uguale a U_B. Se $-L$ è il lavoro compiuto dalle forze esterne durante una trasformazione dallo stato iniziale A allo stato finale B ($+L$ è il lavoro compiuto dal sistema), allora il principio della conservazione dell'energia si scrive cosí:

$$U_B - U_A = -L. \qquad [3.1]$$

Da questa equazione segue che il lavoro L compiuto durante la trasformazione dipende solamente dagli stati estremi A e B e non dal particolare modo in cui si è compiuta la trasformazione da A a B.

Supponiamo ora di non conoscere le leggi delle forze di interazione dei vari punti materiali che costituiscono il nostro sistema dinamico. Allora non possiamo calcolare l'energia del sistema quando esso si trova in un dato stato dinamico. Tuttavia, facendo uso dell'equazione [3.1], possiamo ottenere ugualmente una definizione empirica dell'energia del nostro sistema nel modo seguente.

Consideriamo uno stato O del nostro sistema, scelto arbitrariamente, e poniamo la sua energia uguale a zero per definizione:

$$U_0 = 0. \qquad [3.2]$$

D'ora in poi chiameremo questo stato *stato di riferimento* del sistema. Consideriamo ora un qualunque altro stato A. Applicando delle convenienti forze esterne al sistema, possiamo farlo passare dallo stato di riferimento (nel quale supponiamo si trovi inizialmente) allo stato A. Sia L_A il lavoro compiuto durante questa trasformazione ($-L_A$ è, come prima, il lavoro compiuto dalle forze esterne sul sistema). Applicando la [3.1] a questa trasformazione e ricordando la [3.2], troviamo che

$$U_A = -L_A. \qquad [3.3]$$

Questa equazione può essere usata come definizione empirica dell'energia U_A del nostro sistema nello stato A.

Ovviamente, perché la [3.3] abbia significato, è necessario che il lavoro L_A dipenda solamente dagli stati O e A, e non dal particolare modo in cui si è compiuta la trasformazione da O ad A. Abbiamo già notato che questa proprietà segue dalla [3.1]. Se si trovasse sperimentalmente che essa non è verificata, questo vorrebbe dire che nel nostro sistema l'energia non è conservata, oppure che si deve tener conto, oltre che del lavoro meccanico, di altri tipi di scambi di energia.

Supporremo per il momento che il lavoro compiuto dal nostro sistema meccanico durante una qualunque trasformazione dipenda solamente dagli stati iniziale e finale della trasformazione; si potrà allora usare la [3.3] come definizione dell'energia.

Possiamo ottenere immediatamente la [3.1] dalla [3.3] nel modo seguente. Una trasformazione tra due qualunque stati A e B può sempre essere effettuata mediante la successione di due trasformazioni: dapprima una trasformazione dallo stato A allo stato di riferimento O, e poi una trasformazione da O a B. Poiché durante queste due trasformazioni il sistema compie rispettivamente i lavori $-L_A$ e $+L_B$, il lavoro totale compiuto durante la trasformazione da A a B (che è indipendente dal modo particolare in cui si compie la trasformazione) è

$$L = -L_A + L_B\,.$$

Dalla [3.3] e dall'analoga equazione

$$U_B = -L_B\,,$$

otteniamo ora

$$U_B - U_A = -L\,,$$

che è identica alla [3.1].

Osserviamo infine che la definizione [3.3] di energia non è univoca, infatti essa dipende dalla particolare scelta dello stato di riferimento O. Se invece di O avessimo scelto uno stato diverso, O', avremmo ottenuto un diverso valore,

U'_A, per l'energia dello stato A. Può essere mostrato facilmente, tuttavia, che U'_A e U_A differiscono soltanto per una costante additiva. Infatti, la trasformazione da O' ad A può essere presa uguale alla successione di due trasformazioni: una che va da O' a O, e l'altra che va da O ad A. Il lavoro L'_A compiuto dal sistema nel passaggio da O' ad A è quindi uguale a

$$L'_A = L_{O'O} + L_A,$$

dove $L_{O'O}$ è il lavoro compiuto dal sistema nel passaggio da O' a O. E tenendo conto che

$$U_A = -L_A \quad \text{e} \quad U'_A = -L'_A,$$

si ha

$$U_A - U'_A = L_{O'O},$$

da cui si vede che i valori dell'energia secondo le due diverse definizioni differiscono solo per la costante $L_{O'O}$.

Questa costante additiva indeterminata che compare nella definizione dell'energia è, come è ben noto, una caratteristica essenziale del concetto di energia. Tuttavia, poiché in pratica si considerano solamente differenze di energia, la costante additiva non compare nei risultati finali.

La sola ipotesi implicita nella definizione di energia sopra data è che il lavoro totale compiuto dal sistema durante una qualunque trasformazione dipenda solamente dagli stati iniziale e finale della trasformazione. Abbiamo già notato che se questa ipotesi è contraddetta dall'esperienza, e tuttavia non si vuol rinunciare al principio di conservazione dell'energia, allora bisogna ammettere l'esistenza di altri modi, oltre al lavoro meccanico, per mezzo dei quali può avvenire uno scambio di energia tra il sistema e i corpi che lo circondano.

Prendiamo, per esempio, un sistema composto di una certa quantità di acqua. Consideriamo due stati A e B di questo sistema alla pressione atmosferica; siano t_A e t_B le temperature del sistema in questi due stati rispettivamente, e sia $t_A < t_B$. Possiamo far passare il nostro sistema da A a B in due modi diversi.

1) Riscaldiamo l'acqua ponendola sul fuoco e innalzandone la temperatura dal suo valore iniziale t_A al valore finale t_B. Il lavoro esterno compiuto dal sistema durante questa trasformazione è praticamente zero. Sarebbe esattamente zero se la variazione di temperatura non fosse accompagnata da una variazione di volume dell'acqua. In effetti, però, il volume dell'acqua cambia un po' durante la trasformazione, cosí che viene compiuto un po' di lavoro (vedi equazione [1.3]). Nelle nostre considerazioni, trascureremo questa piccola quantità di lavoro.

2) Innalziamo la temperatura dell'acqua da t_A a t_B riscaldandola mediante l'attrito. A questo scopo immergiamo nell'acqua un sistema di palette collegate a un asse centrale e agitiamo l'acqua facendo girare le palette. Quel che si osserva è un incremento continuo della temperatura dell'acqua finché le palette sono in rotazione. Poiché vi è una resistenza offerta dall'acqua al movimento delle palette, si deve compiere del lavoro meccanico per mantenerle in rotazione finché non si è raggiunta la temperatura t_B. Unitamente al considerevole lavoro positivo compiuto dalle palette sull'acqua, vi è una eguale quantità di lavoro negativo fatto dall'acqua nel contrastare il movimento delle palette. Vediamo cosí che il lavoro compiuto dal sistema nell'andare dallo stato A allo stato B è diverso secondo che ci si vada mediante il primo o il secondo processo.

Se supponiamo valido il principio di conservazione dell'energia per il nostro sistema, dobbiamo allora ammettere che l'energia ceduta all'acqua sotto forma di lavoro meccanico dalle palette in rotazione nel secondo processo sia pure ceduta all'acqua nel primo processo sotto una forma non meccanica chiamata *calore*. Siamo indotti cosí a ritenere che il calore e il lavoro meccanico siano equivalenti; essi sono due aspetti differenti della medesima cosa: l'energia. Nella trattazione che segue chiameremo *indifferentemente* con il nome di lavoro sia il lavoro meccanico che quello elettrico o magnetico. In termodinamica, però, si considerano solo raramente questi due ultimi tipi di lavoro.

Per esprimere in una forma piú precisa il fatto che il calore e il lavoro sono equivalenti, procediamo nel modo seguente.

Racchiudiamo il nostro sistema in un recipiente a pareti che non conducono il calore per evitare scambi di calore con i corpi circostanti.[1] Tuttavia facciamo l'ipotesi che il sistema possa scambiare lavoro con l'esterno (questo può realizzarsi, per esempio, racchiudendo il sistema in un cilindro a pareti isolanti, con un pistone mobile a un estremo). Lo scambio di energia tra interno ed esterno del recipiente può allora avvenire solo sotto forma di lavoro, e si ha dal principio di conservazione dell'energia che la quantità di lavoro compiuta dal sistema durante una qualsiasi trasformazione dipende solamente dagli stati iniziale e finale del sistema.[2]

Ora possiamo usare la definizione empirica [3.3] dell'energia e definire U come funzione solamente dello stato del sistema.[3] Indicando con $\Delta U = U_B - U_A$ la variazione

[1] È il caso di accennare appena al fatto che non esistono isolanti termici perfetti. L'isolamento termico si può tuttavia ottenere, approssimativamente, per mezzo dei ben noti metodi della calorimetria.

[2] Formalmente sarebbe piú esatto, benché un po' astratto, enunciare il contenuto di questa frase cosí:

L'esperienza mostra che esistono certe sostanze, dette *isolanti termici*, che godono delle seguenti proprietà: quando un sistema è completamente racchiuso in un isolante termico in maniera tale che si possa scambiare lavoro tra l'interno e l'esterno, la quantità di lavoro compiuto dal sistema durante una data trasformazione dipende solamente dagli stati iniziale e finale della trasformazione.

[3] Va notato qui che, per poter applicare la definizione [3.3] dell'energia di uno stato A del nostro sistema, deve essere possibile far subire al sistema una trasformazione che lo porti dallo stato di riferimento O allo stato A in condizioni di isolamento termico. Piú avanti si avrà occasione di notare (vedi § 13) che una trasformazione di questo tipo non è sempre possibile senza uno scambio di calore. Tuttavia, in questi casi, si può sempre compiere la trasformazione inversa $A \rightarrow O$. Il lavoro compiuto dal sistema durante questa trasformazione è $-L_A$; possiamo quindi applicare la [3.3] anche a questi casi.

di energia del nostro sistema durante una trasformazione dallo stato A allo stato B, possiamo scrivere l'equazione [3.1], che è applicabile al nostro sistema termicamente isolato, nella forma

$$\Delta U + L = 0 . \qquad [3.4]$$

Se il sistema non è termicamente isolato, il primo membro della [3.4] sarà in generale diverso da zero, poiché in questo caso può aver luogo uno scambio di energia sotto forma di calore. Sostituiamo quindi la [3.4] con l'equazione piú generale

$$\Delta U + L = Q , \qquad [3.5]$$

dove Q è uguale a zero per trasformazioni effettuate su sistemi termicamente isolati e in generale diverso da zero negli altri casi.

Fisicamente si può interpretare Q come quella quantità di energia che il sistema ha ricevuto non sotto forma di lavoro. Questa è una conseguenza immediata del fatto che la variazione d'energia ΔU del sistema deve uguagliare la quantità totale di energia ricevuta dal sistema dall'esterno. Ma dalla [3.5] si ha

$$\Delta U = - L + Q ,$$

e $-L$ è l'energia ricevuta sotto forma di lavoro; quindi Q è l'energia ricevuta sotto altra forma. Noi chiameremo ora Q, per definizione, la quantità di calore ricevuta dal sistema durante la trasformazione.

Nel caso di una trasformazione ciclica, la [3.5] assume una forma molto semplice. Poiché gli stati iniziale e finale di un ciclo sono gli stessi, la variazione di energia è zero: $\Delta U = 0$. Quindi la [3.5] diventa

$$L = Q , \qquad [3.6]$$

cioè il lavoro compiuto dal sistema durante una trasformazione ciclica è uguale al calore assorbito dal sistema.

A questo punto è importante stabilire la connessione tra

questa definizione astratta di calore e la sua definizione calorimetrica elementare. L'unità calorimetrica di calore, la *caloria* (cal), è definita come la quantità di calore necessaria per portare da 14 °C a 15 °C la temperatura di 1 g di acqua alla pressione atmosferica. Quindi per innalzare la temperatura di m grammi di acqua da 14 °C a 15 °C alla pressione atmosferica sono necessarie m calorie. Sia Δu_c la variazione di energia di 1 g di acqua, e l_c il lavoro fatto in conseguenza della sua dilatazione quando la sua temperatura è innalzata da 14 °C a 15 °C alla pressione atmosferica. Per m grammi di acqua, la variazione di energia e il lavoro fatto sono

$$\Delta U_c = m\Delta u_c \, , \qquad L_c = ml_c \, . \tag{3.7}$$

Consideriamo ora un sistema S sottoposto a una trasformazione. Per misurare il calore scambiato dal sistema con i corpi circostanti, poniamolo in contatto con un calorimetro contenente m grammi di acqua, inizialmente a 14 °C. Scegliamo la massa d'acqua in modo tale che, compiuta la trasformazione, la temperatura dell'acqua sia 15 °C.

Poiché un calorimetro ideale è termicamente isolato, il sistema composto dal sistema in esame S e dall'acqua calorimetrica è termicamente isolato durante la trasformazione. Possiamo quindi applicare l'equazione [3.4] a questa trasformazione. La variazione totale di energia è uguale alla somma

$$\Delta U = \Delta U_s + \Delta U_c \, ,$$

dove ΔU_s è la variazione di energia del sistema S, e ΔU_c è la variazione di energia dell'acqua calorimetrica. Analogamente, per il lavoro totale compiuto, abbiamo

$$L = L_s + L_c \, .$$

Dalla [3.4] si ha quindi

$$\Delta U_s + \Delta U_c + L_s + L_c = 0 \, ,$$

ossia, per la [3.7],

$$\Delta U_s + L_s = -(\Delta U_c + L_c) = -m(\Delta u_c + l_c)\,.$$

E poiché, per la definizione [3.5], $\Delta U_s + L_s$ è la quantità di calore Q_s ricevuta dal sistema S, si ha

$$Q_s = -m(\Delta u_c + l_c)\,. \qquad [3.8]$$

Da ciò risulta evidente che la quantità di calore è proporzionale a m.

D'altra parte, in calorimetria, il fatto che m grammi di acqua calorimetrica siano stati scaldati da 14 °C a 15 °C significa che sono state date m calorie dal sistema al calorimetro; il che equivale a dire che il sistema ha ricevuto $-m$ calorie, ossia che Q_s, espresso in calorie, è uguale a $-m$. Vediamo inoltre, per confronto con la [3.8], che la quantità di calore definita dalla [3.5] risulta proporzionale alla quantità di calore espressa in calorie, e la costante di proporzionalità è $(\Delta u_c + l_c)$.

Nella [3.5] il calore viene ad essere misurato in unità di energia (erg). Il rapporto costante fra erg e caloria è stato misurato da molti ricercatori, i quali hanno trovato che

$$1\ \text{cal} = 4{,}185 \cdot 10^7\ \text{erg}\,. \qquad [3.9]$$

Nel seguito le quantità di calore, in generale, saranno espresse in unità di energia.

L'equazione [3.5], che è una precisa formulazione dell'equivalenza tra calore e lavoro, esprime il primo principio della termodinamica.

4. APPLICAZIONE DEL PRIMO PRINCIPIO A SISTEMI RAPPRESENTABILI SU UN DIAGRAMMA (V, p)

Applichiamo ora il primo principio della termodinamica a un sistema, come un fluido omogeneo, i cui stati si possano definire mediante due qualsiasi delle tre variabili

V, p e T. Una qualunque funzione dello stato del sistema, come ad esempio la sua energia, sarà allora una funzione delle due variabili che si sono scelte per rappresentare lo stato.

Per evitare confusioni riguardo alle variabili indipendenti quando vi sono delle derivate parziali, racchiuderemo in parentesi il simbolo di derivata parziale e porremo a piede della parentesi stessa quella variabile che si deve mantenere costante nella derivazione parziale. Per esempio, $(\partial U/\partial T)_V$ indica la derivata di U rispetto a T a V costante, quando T e V sono le variabili indipendenti. Si deve stare attenti al fatto che l'espressione precedente è, in generale, differente da $(\partial U/\partial T)_p$, perché nel primo caso si è tenuto costante il volume, nel secondo la pressione.

Consideriamo ora una trasformazione infinitesima del nostro sistema, una trasformazione, cioè, per la quale le variabili indipendenti variano solo di quantità infinitesime. Applichiamo a questa trasformazione il primo principio della termodinamica nella forma [3.5]. Invece di ΔU, L e Q, dobbiamo ora scrivere $\mathrm{d}U$, $\mathrm{d}L$ e $\mathrm{d}Q$, conformemente al fatto che stiamo qui considerando quantità infinitesime. Otteniamo allora

$$\mathrm{d}U + \mathrm{d}L = \mathrm{d}Q\,. \qquad [4.1]$$

E poiché per il nostro sistema $\mathrm{d}L$ è dato dalla [1.3], si ha

$$\mathrm{d}U + p\,\mathrm{d}V = \mathrm{d}Q\,. \qquad [4.2]$$

Se scegliamo T e V come variabili indipendenti, U diventa una funzione di queste variabili; si ha allora

$$\mathrm{d}U = \left(\frac{\partial U}{\partial T}\right)_V \mathrm{d}T + \left(\frac{\partial U}{\partial V}\right)_T \mathrm{d}V,$$

e la [4.2] diventa

$$\left(\frac{\partial U}{\partial T}\right)_V \mathrm{d}T + \left[\left(\frac{\partial U}{\partial V}\right)_T + p\right] \mathrm{d}V = \mathrm{d}Q\,. \qquad [4.3]$$

Del pari, scegliendo T e p come variabili indipendenti, abbiamo

$$\left[\left(\frac{\partial U}{\partial T}\right)_p + p\left(\frac{\partial V}{\partial T}\right)_p\right] \mathrm{d}T + \left[\left(\frac{\partial U}{\partial p}\right)_T + p\left(\frac{\partial V}{\partial p}\right)_T\right] \mathrm{d}p = \mathrm{d}Q\,. \quad [4.4]$$

E infine, prendendo come variabili indipendenti V e p, si ha

$$\left(\frac{\partial U}{\partial p}\right)_V \mathrm{d}p + \left[\left(\frac{\partial U}{\partial V}\right)_p + p\right] \mathrm{d}V = \mathrm{d}Q\,. \quad [4.5]$$

La *capacità termica* di un corpo è data, per definizione, dal rapporto $\mathrm{d}Q/\mathrm{d}T$, tra la quantità infinitesima di calore $\mathrm{d}Q$ assorbita dal corpo e l'incremento infinitesimo di temperatura $\mathrm{d}T$ prodotto da questo calore. In genere la capacità termica di un corpo sarà diversa se il corpo viene riscaldato a volume costante o a pressione costante. Denoteremo con C_V e C_p le capacità termiche rispettivamente a volume e a pressione costante.

Dalla [4.3] si può ottenere un'espressione semplice per C_V. Per una trasformazione infinitesimale a volume costante, $\mathrm{d}V = 0$; sicché

$$C_V = \left(\frac{\mathrm{d}Q}{\mathrm{d}T}\right)_V = \left(\frac{\partial U}{\partial T}\right)_V. \quad [4.6]$$

Del pari, usando la [4.4], si ottiene la seguente espressione per C_p:

$$C_p = \left(\frac{\mathrm{d}Q}{\mathrm{d}T}\right)_p = \left(\frac{\partial U}{\partial T}\right)_p + p\left(\frac{\partial V}{\partial T}\right)_p. \quad [4.7]$$

Il secondo termine dell'ultimo membro dell'espressione ora trovata rappresenta l'effetto del lavoro compiuto, durante l'espansione, sulla capacità termica. Un termine analogo non figura nella [4.6], perché in questo caso il volume è mantenuto costante e non si ha, quindi, alcuna espansione.

La capacità termica di 1 g di sostanza è detta *calore specifico* di quella sostanza; la capacità termica di una mole è detta *calore molecolare*. Le formule [4.6] e [4.7] dànno i calori specifici e molecolari a volume costante e a pressione costante se si considerano rispettivamente, anziché quantità arbitrarie, 1 g e 1 mole di sostanza.

5. APPLICAZIONE DEL PRIMO PRINCIPIO AI GAS

Nel caso dei gas, si può dare esplicitamente la dipendenza dell'energia dalle variabili di stato. Scegliamo T e V come variabili indipendenti e dimostriamo dapprima che l'energia è funzione solamente della temperatura T e non dipende dal volume. Questa proprietà, come molte altre proprietà dei gas, è vera solo approssimativamente per i gas reali e la si suppone esattamente valida per i gas perfetti. Essa sarà dedotta nel § 14 dal secondo principio della termodinamica per tutti quei corpi che ubbidiscono alla equazione di stato [2.2] dei gas perfetti. Ci limiteremo ora a darne una dimostrazione sperimentale; l'esperimento fu fatto da Joule.

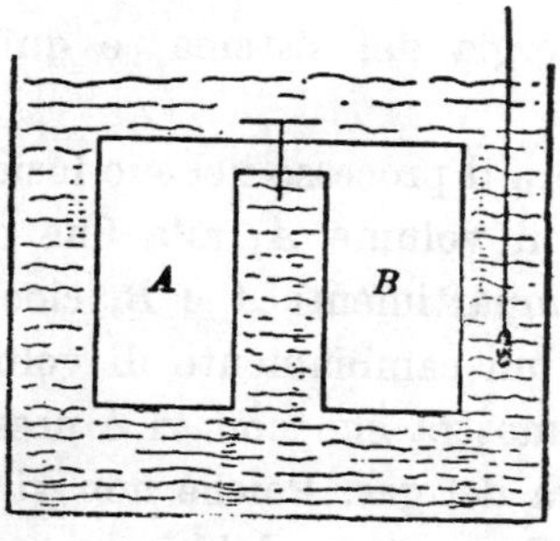

Fig. 5.

Joule poneva dentro a un calorimetro un recipiente con due compartimenti connessi da un condotto a rubinetto (fig. 5). Riempiva il compartimento A di un gas e faceva il vuoto in B, mantenendo chiuso il rubinetto. Dopo che si era stabilito l'equilibrio termico, indicato da un termometro posto dentro al calorimetro, Joule apriva il rubinetto, lasciando cosí fluire il gas da A in B fino ad avere un'uguale pressione su tutti i punti del recipiente. L'osservazione che egli faceva allora era che l'indicazione data dal termometro variava di molto poco. Questo significava che non vi era stato praticamente passaggio di calore dal recipiente al calorimetro, o viceversa. Si ammette che, se si eseguisse quest'esperimento con un gas perfetto, non vi sarebbe affatto cambiamento di temperatura.

Applichiamo ora il primo principio alla precedente trasformazione. Essendo $Q = 0$, dall'equazione [3.5] abbiamo, per il sistema composto dal recipiente e dal gas in esso contenuto,

$$\Delta U + L = 0 ,$$

dove L è il lavoro compiuto dal sistema e ΔU è la variazione di energia. Poiché i volumi dei due compartimenti A e B non cambiano durante l'esperimento, il nostro sistema non può compiere lavoro esterno, cioè $L = 0$. Ne consegue che

$$\Delta U = 0 ,$$

vale a dire l'energia del sistema, e quindi l'energia del gas, non cambia.

Consideriamo ora il processo nel suo insieme. Inizialmente il gas occupava il volume A, alla fine del processo esso occupa i due compartimenti A e B, cioè nella trasformazione si è avuto un cambiamento di volume. L'esperienza d'altra parte, dimostra che non vi è nessun cambiamento nella temperatura del gas. Poiché non vi era variazione di energia durante il processo, dobbiamo concludere che una variazione di volume a temperatura costante non produce variazione di energia. In altre parole, *l'energia di un gas perfetto è funzione solamente della temperatura e non dipende dal volume.* Per un gas perfetto possiamo quindi scrivere

$$U = U(T) . \qquad [5.1]$$

determinare la forma di questa funzione, sfruttiamo fatto sperimentale che il calore specifico a volume costante di un gas dipende molto poco dalla temperatura; supporremo che, per un gas perfetto, il calore specifico sia esattamente costante. In questo paragrafo considereremo sempre 1 mole di gas; C_V e C_p indicheranno quindi, rispettivamente, i calori molecolari a volume costante e a pressione costante.

Poiché U dipende solamente da T, non è necessario specificare che il volume deve essere tenuto costante nella derivata che figura nella [4.6]; cosí che, per un gas perfetto, possiamo scrivere

$$C_V = \frac{dU}{dT}. \qquad [5.2]$$

Poiché C_V si è supposto costante, possiamo integrare immediatamente la [5.2] e ottenere

$$U = C_V T + W, \qquad [5.3]$$

dove W è una costante di integrazione che rappresenta l'energia residua del gas alla temperatura dello zero assoluto.[1]

L'equazione [4.2], che traduce il primo principio della termodinamica per le trasformazioni infinitesime, nel caso di un gas perfetto assume la forma

$$C_V dT + p\,dV = dQ. \qquad [5.4]$$

Differenziando l'equazione caratteristica [2.2] per 1 mole di gas perfetto, otteniamo

$$p\,dV + V dp = R\,dT. \qquad [5.5]$$

Sostituendo nella [5.4], troviamo

$$(C_V + R)\,dT - V dp = dQ. \qquad [5.6]$$

[1] Questa costante additiva influisce sui risultati finali dei calcoli solamente quando si hanno trasformazioni chimiche o cambiamenti di stato di aggregazione delle sostanze (vedasi, per esempio, cap. 6). Per tutti gli altri casi, essa si può porre uguale a zero.

Poiché per una trasformazione a pressione costante $dp = 0$, questa equazione ci dà

$$C_p = \left(\frac{dQ}{dT}\right)_p = C_V + R\,, \qquad [5.7]$$

vale a dire la differenza tra i calori molecolari di un gas a pressione costante e a volume costante è uguale alla costante R dei gas.

Lo stesso risultato può essere ottenuto anche dalle [4.7], [5.3] e [2.2]. Infatti, per un gas perfetto, dalle [5.3] e [2.2] abbiamo

$$\left(\frac{\partial U}{\partial T}\right)_p = \frac{dU}{dT} = C_V\,, \qquad \left(\frac{\partial V}{\partial T}\right)_p = \left(\frac{\partial}{\partial T}\frac{RT}{p}\right)_p = \frac{R}{p}\,.$$

Sostituendo queste espressioni nella [4.7], si ottiene di nuovo la [5.7].

Si può dimostrare, applicando la teoria cinetica, che

$$\left.\begin{aligned} C_V &= \tfrac{3}{2}R \quad \text{per un gas monoatomico}\,,\\ C_V &= \tfrac{5}{2}R \quad \text{per un gas biatomico}\,. \end{aligned}\right\} \qquad [5.8]$$

Facendo uso di questi valori, che sono in buon accordo con l'esperienza, dalla [5.7] deduciamo che

$$\left.\begin{aligned} C_p &= \tfrac{5}{2}R \quad \text{per un gas monoatomico}\,,\\ C_p &= \tfrac{7}{2}R \quad \text{per un gas biatomico}\,. \end{aligned}\right\} \qquad [5.9]$$

Se poniamo

$$K = \frac{C_p}{C_V} = \frac{C_V + R}{C_V} = 1 + \frac{R}{C_V}\,, \qquad [5.10]$$

otteniamo inoltre

$$\left.\begin{aligned} K &= \tfrac{5}{3} \quad \text{per un gas monoatomico}\,,\\ K &= \tfrac{7}{5} \quad \text{per un gas biatomico}\,. \end{aligned}\right\} \qquad [5.11]$$

6. TRASFORMAZIONI ADIABATICHE DI UN GAS

Una trasformazione di un sistema termodinamico viene chiamata *adiabatica* se è reversibile e se il sistema è termicamente isolato, cioè in condizioni tali che non possano avvenire scambi di calore con l'esterno durante la trasformazione.

Si può far espandere o comprimere un gas adiabaticamente mettendolo in un recipiente cilindrico a pareti isolanti con un pistone a un estremo e spostando molto lentamente tale pistone verso l'esterno o verso l'interno del recipiente. Se si lascia espandere un gas adiabaticamente, esso compie un lavoro esterno, cosí che L nell'equazione [3.5] è positivo. Essendo il gas termicamente isolato, $Q = 0$, quindi ΔU deve essere negativo, il che vuol dire che l'energia di un gas diminuisce durante un'espansione adiabatica. Ora, poiché l'energia è legata alla temperatura dall'equazione [5.3], ne risulta che una diminuzione dell'energia del gas implica una diminuzione della temperatura.

Per ottenere una relazione quantitativa tra la variazione di temperatura e la variazione di volume conseguenti a un'espansione adiabatica, osserviamo che, essendo $\mathrm{d}Q = 0$, l'equazione [5.4] diventa

$$C_V \mathrm{d}T + p\,\mathrm{d}V = 0 .$$

Usando l'equazione di stato $pV = RT$, possiamo eliminare p dall'equazione precedente e ottenere

$$C_V \mathrm{d}T + \frac{RT}{V}\,\mathrm{d}V = 0 ,$$

ossia

$$\frac{\mathrm{d}T}{T} + \frac{R}{C_V}\frac{\mathrm{d}V}{V} = 0 .$$

Integrando, otteniamo

$$\log T + \frac{R}{C_V}\log V = \text{costante} .$$

E passando dai logaritmi ai numeri, si ha

$$TV^{R/C_V} = \text{costante}.$$

Se ora teniamo presente l'espressione [5.10], l'equazione precedente si può scrivere nella forma

$$TV^{K-1} = \text{costante}. \quad [6.1]$$

Questa equazione ci dice, quantitativamente, quale è la variazione di temperatura conseguente a una certa variazione adiabatica di volume di un gas perfetto. Se per esempio facciamo espandere un gas biatomico adiabaticamente a un volume doppio del volume iniziale, troviamo mediante la [6.1] (usando per K il valore $\frac{7}{5}$ dato dalla [5.11]) che la temperatura si riduce nel rapporto $1:2^{0.4} = 1:1{,}32$.

Mediante l'equazione di stato $pV = RT$, si può poi porre l'equazione [6.1] di una trasformazione adiabatica nelle seguenti forme:

$$pV^K = \text{costante}, \quad [6.2]$$

$$\frac{T}{p^{(K-1)/K}} = \text{costante}. \quad [6.3]$$

Confrontando la [6.2] con l'equazione

$$pV = \text{costante},$$

valida per le trasformazioni isotermiche, si vede che, nel diagramma (V, p), le isoterme sono una famiglia di iperboli equilatere, mentre le adiabatiche — qualitativamente simili alle iperbole — sono piú ripide, perché $K > 1$.

Nella figura 6 sono tracciate delle curve isotermiche e adiabatiche, le prime a tratto continuo, le seconde punteggiate.

Un esempio semplice e interessante di applicazione dell'espansione adiabatica di un gas è il calcolo della dipendenza della temperatura dell'atmosfera dall'altezza sul livello del mare. La ragione principale di questa variazione della temperatura con l'altezza sul livello del mare risiede nell'esistenza di correnti di convezione nella troposfera, correnti che trasportano continuamente aria dalle regioni piú basse alle piú alte e dalle regioni piú alte alle

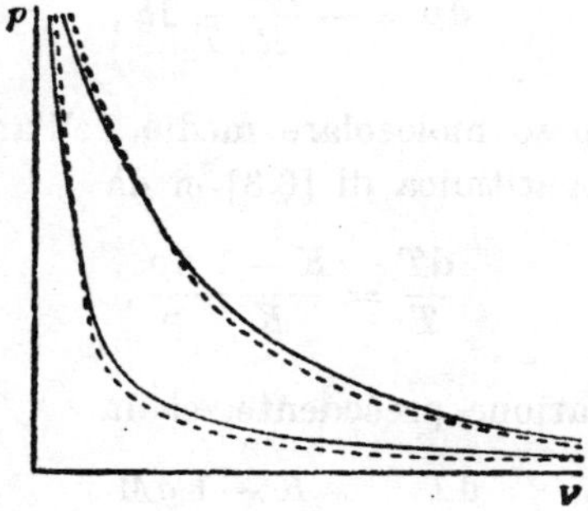

Fig. 6.

piú basse. Quando l'aria sale dal livello del mare a regioni superiori di minor pressione, essa si espande. Poiché l'aria è un cattivo conduttore di calore, ben poco calore è scambiato con l'aria circostante da quella che si sta espandendo, cosí che possiamo ritenere adiabatica l'espansione. Conseguentemente la temperatura dell'aria che sale diminuisce. D'altra parte, l'aria proveniente dalle regioni superiori dell'atmosfera viene a subire una compressione adiabatica, e quindi un aumento di temperatura nelle regioni inferiori.

Per calcolare la variazione di temperatura consideriamo una colonna d'aria di sezione unitaria, e in particolare uno straterello di altezza dh la cui base inferiore si trovi a quota h sul livello del mare. Se p è la pressione sulla base inferiore, la pressione sulla base superiore sarà $p+dp$, dove dp è la variazione di pressione dovuta al peso dell'aria contenuta nello straterello. Sia g l'accelerazione di gravità, ϱ la densità dell'aria, allora il peso dell'aria contenuta nello straterello è $\varrho g \mathrm{d}h$. Poiché un aumento d'altezza comporta una diminuzione di pressione, abbiamo

$$\mathrm{d}p = -\varrho g \,\mathrm{d}h\,, \qquad [6.4]$$

ossia, ricordando la [2.3],

$$\mathrm{d}p = -\frac{gM}{R}\frac{p}{T}\mathrm{d}h\,,$$

dove M è il peso molecolare medio dell'aria: $M = 28{,}88$
La derivata logaritmica di [6.3] ci dà

$$\frac{\mathrm{d}T}{T} = \frac{K-1}{K}\frac{\mathrm{d}p}{p}\,,$$

che, con l'equazione precedente, ci dà

$$\frac{\mathrm{d}T}{\mathrm{d}h} = -\frac{K-1}{K}\frac{gM}{R}\,. \qquad [6.5]$$

Ponendo

$$K = \tfrac{7}{5}\,, \quad g = 980{,}665\,, \quad M = 28{,}88\,, \quad R = 8{,}214\cdot 10^7\,,$$

otteniamo

$$\frac{\mathrm{d}T}{\mathrm{d}h} = -9{,}8\cdot 10^{-5}\ \text{gradi/cm} = -9{,}8\ \text{gradi/km}\,.$$

In effetti questo valore è un po' piú grande del decremento medio di temperatura con l'altezza sperimentalmente osservata. La differenza è principalmente dovuta al fatto che si è trascurato l'effetto di condensazione del vapore d'acqua nelle masse di aria in espansione.

PROBLEMI

1. Calcolare la variazione di energia di un sistema che compie un lavoro di $3{,}4\cdot 10^8$ erg e assorbe 32 cal.
2. Quante calorie assorbono 3 mole di gas perfetto che si espandono isotermicamente da una pressione iniziale di 6 atm a una pressione finale di 3 atm, alla temperatura di 0 °C?

3. Una mole di gas biatomico compie una trasformazione da uno stato iniziale di volume 21 000 cm^3 e temperatura 291 °K a uno stato finale in cui il volume e la temperatura sono rispettivamente 12 700 cm^3 e 305 °K. La trasformazione è rappresentata da una linea retta in una diagramma (V, p). Trovare il lavoro compiuto e il calore assorbito dal sistema.

4. Un gas biatomico si espande adiabaticamente a un volume 1,35 volte il volume iniziale. La temperatura iniziale è 18 °C. Trovare la temperatura finale.

Capitolo 3.
Il secondo principio della termodinamica

7. L'ENUNCIATO DEL SECONDO PRINCIPIO

Il primo principio della termodinamica trasse la sua origine dalla impossibilità di costruire una macchina capace di creare energia. Esso non pone alcuna limitazione alla possibilità di trasformare l'energia da una forma a un'altra. Cosí, per esempio, per quel che riguarda il primo principio, la possibilità di trasformare in calore il lavoro e il lavoro in calore esiste sempre, purché la quantità totale di calore sia equivalente alla quantità totale di lavoro.

Questo è certamente vero per la trasformazione di lavoro in calore: un corpo, qualunque sia la sua temperatura, può sempre essere riscaldato per attrito, ricevendo una quantità di energia sotto forma di calore esattamente uguale al lavoro fatto. Del pari, l'energia elettrica può sempre essere trasformata in calore facendo passare una corrente elettrica attraverso una resistenza. Tuttavia vi sono delle limitazioni ben precise sulla possibilità di trasformare calore in lavoro. Se cosí non fosse, sarebbe possibile costruire una macchina capace di trasformare in lavoro il calore ottenuto raffreddando i corpi circostanti.

Poiché le riserve di energia termica contenute nel suolo, nell'acqua e nell'atmosfera sono praticamente illimitate, una tale macchina sarebbe equivalente a tutti gli effetti pratici a un *perpetuum mobile*, ed è per questo chiamata un *perpetuum mobile* di seconda specie.

Il secondo principio della termodinamica esclude la possibilità di costruire un *perpetuum mobile* di seconda specie. Per dare un enunciato preciso di questo principio, dovremo definire che cosa si intende per sorgente di calore di data temperatura.

Si dice sorgente di calore alla temperatura t un corpo che si trovi uniformemente alla temperatura t e sia in condizioni tali da poter scambiare calore ma non lavoro con i corpi che lo circondano. Come esempio, possiamo considerare dei corpi racchiusi in recipienti rigidi o dei corpi che subiscano variazioni di volume trascurabili. Una massa d'acqua che si trovi uniformemente alla temperatura t può essere considerata come una sorgente di calore, poiché il suo volume rimane praticamente costante.

Siamo ora in grado di dare all'enunciato del secondo principio la seguente forma:

È impossibile realizzare una trasformazione il cui unico risultato sia una trasformazione in lavoro di calore tratto da una sorgente a temperatura uniforme. (Postulato di Lord Kelvin.)[1]

Sperimentalmente questo principio è fondato soprattutto sul fatto che ogni tentativo di costruire un *perpetuum mobile* di seconda specie è fallito.

[1] È essenziale nel postulato di Lord Kelvin il fatto che la trasformazione di calore in lavoro sia l'*unico* risultato della trasformazione che si considera. Infatti, non è impossibile trasformare in lavoro del calore tratto da una sorgente tutta alla stessa temperatura, purché alla fine del processo vi sia qualche altro cambiamento nello stato del sistema. Si consideri, per esempio, l'espansione isotermica di un gas perfetto tenuto in contatto con una sorgente di calore alla temperatura t.

Poiché l'energia del gas dipende solo dalla temperatura, e la temperatura non cambia durante il processo, si deve avere $\Delta U = 0$. Dal primo principio, equazione [3.5], si ottiene allora $L = Q$, vale a dire il lavoro L compiuto dal gas che si espande è uguale al calore Q che esso assorbe dalla sorgente. Quindi vi è una completa trasformazione del calore Q in lavoro. Questo non contraddice il postulato di Kelvin, poiché la trasformazione di Q in L non è l'unico risultato della trasformazione: alla fine della trasformazione, infatti, il gas occupa un volume più grande di quello che esso occupava all'inizio.

Il secondo principio può essere enunciato anche nel modo seguente:

È impossibile realizzare una trasformazione il cui unico risultato sia un passaggio di calore da un corpo a una data temperatura a un altro a temperatura più alta. (Postulato di Clausius.)

Finora si è fatto uso solamente di una scala empirica di temperatura. Per dare al postulato di Clausius un significato preciso, si deve prima definire che cosa si intende quando si dice che un corpo si trova a una temperatura piú alta di un altro. Se si pongono in contatto termico due corpi a temperatura diversa, il calore fluisce spontaneamente per conduzione da uno di questi corpi all'altro. Ora, per definizione, noi diremo che il corpo dal quale fluisce il calore si trova a temperatura piú alta. Posto questo, possiamo enunciare cosí il postulato di Clausius: *Se il calore fluisce per conduzione da un corpo A a un altro B, allora è impossibile realizzare una trasformazione il cui unico risultato sia far passare del calore da B ad A.*

Dobbiamo ora dimostrare l'equivalenza dei postulati di Clausius e di Kelvin. A questo scopo dimostreremo che, se il postulato di Clausius non fosse vero, non sarebbe vero neppure quello di Kelvin, e viceversa.

Supponiamo dapprima che il postulato di Kelvin non sia vero. Possiamo allora effettuare una trasformazione il cui unico risultato sia la trasformazione completa in lavoro di una certa quantità di calore presa da una sola sorgente alla temperatura t_1. Possiamo poi trasformare, per attrito, questo lavoro di nuovo in calore e usare questo calore per innalzare la temperatura di un corpo, qualunque sia la sua temperatura iniziale t_2. In particolare potremo prendere $t_2 > t_1$. In tal modo la trasformazione compiuta viene ad avere come unico risultato il passaggio di una certa quantità di calore da un corpo (la sorgente alla temperatura t_1) a un altro a temperatura piú alta. Questo è in contraddizione con il postulato di Clausius.

Per la seconda parte della dimostrazione dell'equivalenza dei due postulati, è necessario premettere una discussione sulle possibilità di trasformare calore in lavoro. Diamo questa discussione nel prossimo paragrafo.

8. IL CICLO DI CARNOT

Poiché non è possibile, secondo il postulato di Kelvin, trasformare in lavoro del calore preso da una sorgente a temperatura uniforme mediante una trasformazione che non produca altro cambiamento nel sistema che la effettua, occorrono almeno due sorgenti a temperatura diversa t_1 e t_2, se si vuole realizzare una tale trasformazione. Con due sorgenti di questo tipo possiamo trasformare calore in lavoro mediante il seguente processo, chiamato *ciclo di Carnot*.

Si consideri un fluido i cui stati si possano rappresentare in un diagramma (V, p) e si considerino due adiabatiche e due isoterme rispettivamente alle temperature t_1 e t_2. Queste quattro curve si intersecano nei quattro punti A, B, C e D, come mostrato in figura 7. Siano AB e CD i due

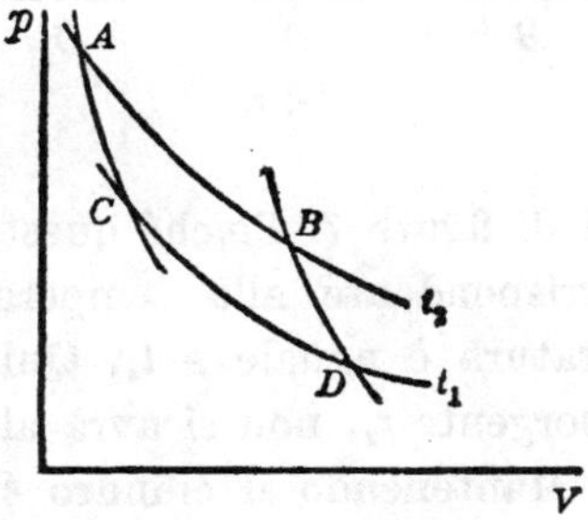

Fig. 7.

rami di isoterma alle temperature t_2 e t_1 rispettivamente. AC e BD i due rami di adiabatica. La trasformazione reversibile ciclica $ABDCA$ prende il nome di *ciclo di Carnot*.

L'esempio seguente illustra come si possa realizzare in

pratica un ciclo di Carnot. Poniamo il nostro fluido in un recipiente cilindrico a pareti laterali termicamente isolanti e con un pistone a un estremo, pure termicamente isolante, in modo che il calore possa essere scambiato solo attraverso l'altro estremo (la base del cilindro), che supporremo conduttore di calore. Siano t_1 e t_2 due sorgenti di calore cosí grandi che le loro temperature praticamente non variino quando ad esse si aggiunga o si sottragga una qualunque quantità finita di calore. Sia t_2 piú grande di t_1.

Supponiamo che, inizialmente, il fluido dentro il cilindro occupi il volume V_A ed eserciti la pressione p_A, corrispon-

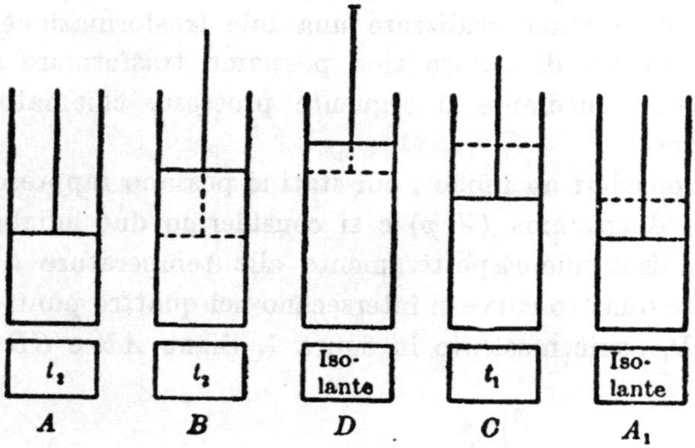

Fig. 8.

denti al punto A di figura 7. Poiché questo punto si trova sull'isoterma corrispondente alla temperatura t_2, inizialmente la temperatura è uguale a t_2. Quindi, se poniamo il cilindro sulla sorgente t_2, non si avrà alcuno scambio di calore (fig. 8A). Mantenendo il cilindro sulla sorgente t_2, alziamo il pistone molto lentamente, sí da aumentare reversibilmente il volume fino a raggiungere il valore V_B (fig. 8B). Questa parte della trasformazione è rappresentata dal segmento AB dell'isoterma t_2. Lo stato del sistema a questo punto è rappresentato dal punto B di figura 7.

Poniamo ora il cilindro su un isolante termico e aumentiamone il volume molto lentamente fino a raggiungere il valore V_D (fig. 8*D*). Poiché durante questa fase il sistema è isolato termicamente, la trasformazione è rappresentata in figura 7 dal tratto di adiabatica *BD*. Durante questa espansione adiabatica, la temperatura del fluido diminuisce da t_2 a t_1, e lo stato del sistema è ora dato dal punto *D* in figura 7.

Poniamo quindi il cilindro sulla sorgente t_1 e comprimiamolo molto lentamente lungo l'isoterma *DC* (fig. 7) finché il suo volume sia diminuito al valore V_C (fig. 8*C*). Infine torniamo a metterlo sull'isolante termico e comprimiamolo adiabaticamente lungo il ramo *CA* finché la sua temperatura raggiunga il valore t_2. A questo punto il sistema è tornato al suo stato iniziale, corrispondente al punto *A* di figura 7 (fig. 8A_1).

Durante l'espansione isotermica rappresentata dal ramo *AB*, il sistema assorbe una quantità di calore Q_2 dalla sorgente t_2. Durante la compressione isotermica rappresentata dal ramo *DC*, il sistema assorbe una quantità di calore $-Q_1$ dalla sorgente t_1, cioè cede alla sorgente t_1 la quantità di calore Q_1. La quantità totale di calore assorbito dal sistema durante il ciclo è allora data da $Q_2 - Q_1$. Sia *L* la quantità di lavoro fatta dal sistema durante la trasformazione. Questo lavoro è uguale all'area delimitata dal ciclo in figura 7. Dall'equazione [3.6], che esprime il primo principio della termodinamica per un ciclo, abbiamo

$$L = Q_2 - Q_1 . \qquad [8.1]$$

Questa equazione ci dice che solamente una parte del calore assorbito dal sistema dalla sorgente a temperatura piú alta è trasformata in lavoro nel ciclo di Carnot; il calore rimanente Q_1, invece di essere trasformato in lavoro, viene restituito alla sorgente a temperatura piú bassa.

Definiamo *rendimento* del ciclo di Carnot il rapporto

$$\eta = \frac{L}{Q_2} = \frac{Q_2 - Q_1}{Q_2} = 1 - \frac{Q_1}{Q_2} , \qquad [8.2]$$

tra il lavoro compiuto dal ciclo e il calore assorbito alla temperatura piú alta.

Essendo reversibile, il ciclo di Carnot può essere compiuto a rovescio: basta compiere, per questo, tutte le operazioni prima descritte in ordine inverso. Se si fa ciò, il ciclo assorbe il lavoro L invece di compierlo e sottrae la quantità di calore Q_1 alla temperatura t_1, cedendo la quantità di calore Q_2 alla temperatura t_2.

Come prima applicazione del ciclo di Carnot, completeremo la dimostrazione dell'equivalenza dei postulati di Clausius e di Kelvin facendo vedere che, se il postulato di Clausius non fosse vero, non lo sarebbe neppure quello di Kelvin.

Supponiamo, in contraddizione con il postulato di Clausius, che sia possibile far passare una certa quantità di calore Q_2 da una sorgente a temperatura t_1 a una sorgente a temperatura piú alta, t_2, in modo tale che non vi sia alcun altro cambiamento nel sistema. Mediante un ciclo di Carnot, potremo allora assorbire questa quantità di calore Q_2 e produrre una quantità di lavoro L. Poiché la sorgente a temperatura t_2 riceve e cede la stessa quantità di calore, essa non subisce modificazioni. Cosí il processo ora descritto ha come unico risultato la trasformazione in lavoro di calore sottratto a una sorgente alla temperatura t_1. Questo è in contraddizione con il postulato di Kelvin.

9. LA TEMPERATURA TERMODINAMICA ASSOLUTA

Nel paragrafo precedente abbiamo descritto un motore ciclico reversibile, il ciclo di Carnot; esso compie una quantità di lavoro L durante ciascuno dei suoi cicli, assorbendo una quantità di calore Q_2 da una sorgente a temperatura t_2 e restituendo una quantità di calore Q_1 a una sorgente a temperatura inferiore t_1. Diremo che un motore di questo tipo lavora tra le temperature t_1 e t_2.

Consideriamo ora un motore che lavori tra le temperature t_1 (inferiore) e t_2 (superiore). Sia L il lavoro compiuto dal motore durante ogni ciclo, e Q_2 e Q_1 le quantità di calore (per ciclo) rispettivamente assorbite alla temperatura t_2 e cedute alla temperatura t_1. Non è necessario che questo motore sia un ciclo di Carnot; supponiamo solamente che esso sia ciclico: alla fine del processo deve ritornare allo stato iniziale.

Si può dimostrare facilmente che, se $L > 0$, cioè se il motore fa un lavoro positivo, allora $Q_2 > 0$ e $Q_1 > 0$.

Supponiamo dapprima $Q_1 \leqslant 0$. Ciò vorrebbe dire che il motore assorbe una quantità di calore Q_1 dalla sorgente t_1 durante il ciclo. Potremmo allora mettere in contatto termico le due sorgenti e lasciare fluire il calore spontaneamente per conduzione dalla sorgente piú calda t_2 a quella piú fredda t_1 finché quest'ultima abbia ricevuto esattamente la stessa quantità di calore da essa ceduta al motore durante il ciclo. Poiché, in questo modo, la sorgente t_1 rimarrebbe inalterata e il motore sarebbe di nuovo nella sua condizione iniziale, l'unico risultato di questo processo sarebbe la trasformazione in lavoro L della quantità di calore assorbita da un'unica sorgente che inizialmente si trovava uniformemente alla temperatura t_2. Poiché questo è in contraddizione con il postulato di Kelvin, dobbiamo avere $Q_1 > 0$.

La dimostrazione che anche $Q_2 > 0$ è ora molto semplice. Poiché il nostro motore ripassa per il suo stato iniziale dopo ogni ciclo, dal primo principio abbiamo

$$L = Q_2 - Q_1 .$$

Ma per ipotesi $L > 0$, inoltre abbiamo dimostrato che $Q_1 > 0$; quindi si deve avere $Q_2 > 0$.

Consideriamo ora un altro motore che lavora tra le stesse temperature t_1 e t_2, per il quale L', Q'_1 e Q'_2 sono le quantità che corrispondono a L, Q_2 e Q_1 per il primo motore. Dimostreremo il seguente teorema fondamentale:

a) *Se il primo motore è reversibile, allora*

$$\frac{Q_2}{Q_1} \geq \frac{Q'_2}{Q'_1}. \tag{9.1}$$

b) *Se il secondo motore è pure reversibile, allora*

$$\frac{Q_2}{Q_1} = \frac{Q'_2}{Q'_1}. \tag{9.2}$$

Per quel che riguarda la proposizione *a* non si fa alcuna ipotesi riguardo alla natura del secondo motore: esso può essere reversibile oppure no.

Se applichiamo l'equazione [3.6] (forma particolare del primo principio per un ciclo) ai nostri due motori, vediamo che il lavoro compiuto da ciascuno di essi durante un ciclo deve essere uguale alla differenza tra il calore ricevuto dalla sorgente t_2 e il calore ceduto alla sorgente t_1; quindi dobbiamo avere

$$L = Q_2 - Q_1, \tag{9.3}$$

$$L' = Q'_2 - Q'_1. \tag{9.4}$$

Il rapporto Q_2/Q'_1 si può certamente approssimare mediante un numero razionale con un'accuratezza grande a piacere. Possiamo quindi porre

$$\frac{Q_2}{Q'_2} = \frac{N'}{N}, \tag{9.5}$$

con N ed N' interi positivi.

Consideriamo ora un processo costituito da N' cicli del secondo motore e da N cicli a rovescio del primo motore. Questo è un processo possibile, poiché si è fatta l'ipotesi che il primo motore sia reversibile. Quando il primo motore è fatto funzionare a rovescio, esso assorbe una quantità L di lavoro durante ogni ciclo, cedendo una quantità di calore Q_2 alla sorgente t_2 e ricevendone una quantità Q_1 dalla sorgente t_1. Il lavoro totale compiuto dai due motori durante il processo sopra descritto è

$$L_{\text{totale}} = N'L' - NL.$$

La quantità totale di calore assorbita dalla sorgente t_2 è

$$Q_{2,\text{totale}} = N'Q'_2 - NQ_2,$$

e la quantità totale di calore ceduta alla sorgente t_1 è

$$Q_{1,\text{totale}} = N'Q'_1 - NQ_1.$$

Dalle [9.3] e [9.4] otteniamo immediatamente

$$L_{\text{totale}} = Q_{2,\text{totale}} - Q_{1,\text{totale}}.$$

Ma dalla [9.5] segue che

$$Q_{2,\text{totale}} = 0; \qquad [9.6]$$

quindi

$$L_{\text{totale}} = -Q_{1,\text{totale}}. \qquad [9.7]$$

L'equazione [9.6] ci dice che nel processo complessivo non si ha scambio di calore alla temperatura piú alta t_2, mentre l'equazione [9.7] ci dice che il calore sottratto dalla sorgente t_1 (uguale a $-Q_{1,\text{totale}}$) è trasformato nel lavoro L_{totale}. Poiché l'intero processo è costituito da diversi cicli di ciascun motore, entrambi i motori alla fine ritorneranno ai loro stati iniziali. Da questo si vede che L_{totale} non può essere positivo; infatti, se lo fosse, l'unico risultato dell'intero processo sarebbe la trasformazione in lavoro (L_{totale}) di calore ($-Q_{1,\text{totale}}$) assorbito da un'unica sorgente che si trova uniformemente alla temperatura t_1. Ma questo sarebbe in contraddizione con il postulato di Kelvin; quindi dobbiamo avere

$$L_{\text{totale}} \leqq 0.$$

Ma per la [9.7] questa diseguaglianza implica l'altra:

$$Q_{1,\text{totale}} \geqq 0;$$

e ricordando l'espressione data precedentemente per $Q_{1,\text{totale}}$, otteniamo

$$N'Q'_1 \geqq NQ_1 .$$

Eliminando N' ed N da questa espressione mediante la [9.5], essendo tutte le quantità che figurano nella [9.5] positive, otteniamo

$$Q_2 Q'_1 \geqq Q'_2 Q_1 ,$$

ossia

$$\frac{Q_2}{Q_1} \geqq \frac{Q'_2}{Q'_1} ,$$

che coincide con la [9.1].

Per completare la dimostrazione del nostro teorema fondamentale, dobbiamo ora far vedere che, se il secondo motore è pure reversibile, allora vale il segno di uguaglianza, conformemente alla [9.2].

Se supponiamo reversibile il secondo motore, abbiamo, scambiando i due motori e applicando la disuguaglianza della proposizione *a* del nostro teorema alla nuova disposizione,

$$\frac{Q'_2}{Q'_1} \geqq \frac{Q_2}{Q_1} .$$

Essendo i due motori reversibili, accanto a questa deve valere anche la disuguaglianza [9.1]. Ma queste due disuguaglianze sono compatibili solamente se vale il segno di uguaglianza.

Il teorema ora dimostrato può anche essere enunciato nel modo seguente:

Se si hanno diversi motori termici, alcuni dei quali reversibili, che compiono cicli tra le stesse temperature t_1 e t_2, tutti i motori reversibili hanno lo stesso rendimento, mentre quelli non reversibili hanno rendimenti che non sono mai maggiori di quelli dei motori reversibili.

Consideriamo dapprima due motori reversibili. Il fatto che i loro rendimenti sono uguali segue immediatamente dalla [9.2] e dalla definizione [8.2] di rendimento.

Se si ha un motore reversibile e uno non reversibile, dalla disuguaglianza [9.1] segue

$$\frac{Q_1}{Q_2} \leqq \frac{Q'_1}{Q'_2};$$

quindi

$$1 - \frac{Q_1}{Q_2} \geqq 1 - \frac{Q'_1}{Q'_2}.$$

Dal confronto con l'equazione [8.2], si vede subito che il rendimento di un motore irreversibile non può mai essere superiore a quello di un motore reversibile.

Il nostro teorema fondamentale ci fa vedere che il rapporto Q_2/Q_1 ha lo stesso valore per tutti i motori reversibili che lavorano tra le stesse temperature t_1 e t_2, vale a dire che questo rapporto è indipendente dalle particolari proprietà del motore, purché reversibile: esso dipende solo dalle temperature t_1 e t_2. Quindi possiamo scrivere

$$\frac{Q_2}{Q_1} = f(t_1, t_2), \qquad [9.8]$$

dove $f(t_1, t_2)$ è una funzione universale delle due temperature t_1 e t_2.

Dimostreremo ora che la funzione $f(t_1, t_2)$ ha le seguenti proprietà:

$$f(t_1, t_2) = \frac{f(t_0, t_2)}{f(t_0, t_1)}, \qquad [9.9]$$

dove t_0, t_1 e t_2 sono tre temperature arbitrarie.

Siano A_1 e A_2 due motori ciclici reversibili che lavorano tra le temperature t_0 e t_1 e t_0 e t_2, rispettivamente. Se A_1 assorbe una quantità di calore Q_1 alla temperatura t_1 e cede una quantità di calore Q_0 alla temperatura t_0 durante un ciclo, allora dalla [9.8] abbiamo

$$\frac{Q_1}{Q_0} = f(t_0, t_1).$$

Del pari, se A_2 assorbe una quantità di calore Q_2 alla temperatura t_2 e cede una quantità di calore Q_0 alla temperatura t_0 durante ciascun ciclo (facciamo per semplicità l'ipotesi che i due motori siano scelti in modo tale da cedere la stessa quantità di calore alla temperatura t_0), allora

$$\frac{Q_2}{Q_0} = f(t_0, t_2) .$$

Dividendo membro a membro questa equazione per quella precedentemente ottenuta, si ha

$$\frac{Q_2}{Q_1} = \frac{f(t_0, t_2)}{f(t_0, t_1)} . \qquad [9.10]$$

Consideriamo ora un processo composto consistente di un ciclo diretto del motore A_2 e di un ciclo alla rovescia del motore A_1. Questo processo è, ovviamente, un ciclo reversibile: infatti è costituito da due cicli reversibili distinti. Durante il processo composto non viene scambiato calore alla temperatura t_0, perché la quantità di calore Q_0 ceduta dal motore A_2 alla temperatura t_0 è riassorbita, a quella temperatura, dal motore A_1 che lavora a rovescio. Tuttavia, viene assorbita una certa quantità di calore Q_2 alla temperatura t_2 da parte di A_2, e viene ceduta una quantità di calore Q_1 alla temperatura t_1 da parte di A_1 durante il ciclo. Possiamo ritenere quindi che A_1 e A_2, quando lavorano assieme nel modo precedentemente descritto, costituiscano un unico motore ciclico reversibile che lavora tra le temperature t_1 e t_2. Per questo motore si ha, secondo la definizione della funzione f,

$$\frac{Q_2}{Q_1} = f(t_1, t_2) .$$

Confrontando con la [9.10], si ha — come volevasi dimostrare — la [9.9].

Poiché la temperatura t_0 nella discussione precedente era arbitraria, possiamo mantenerla costante in tutte le nostre equazioni; da questo segue che possiamo considerare $f(t_0, t)$ come funzione solamente della temperatura t, e possiamo perciò porre

$$Kf(t_0, t) = \theta(t)\,, \qquad [9.11]$$

dove K è una costante arbitraria.

Grazie alla [9.11], possiamo scrivere la [9.9] nella forma

$$\frac{Q_2}{Q_1} = f(t_1, t_2) = \frac{\theta(t_2)}{\theta(t_1)}\,. \qquad [9.12]$$

Questa equazione ci dice che $f(t_1, t_2)$ è uguale al rapporto tra una funzione dell'argomento t_2 e la stessa funzione dell'argomento t_1.

Poiché si è fatto uso di una temperatura empirica t, è ovviamente impossibile determinare la forma analitica della funzione. Ma, essendo la nostra scala delle temperature completamente arbitraria, possiamo introdurre una nuova scala delle temperature in modo conveniente, usando la $\theta(t)$ stessa come temperatura, invece di t.

Si deve però fare attenzione al fatto che $\theta(t)$ non è definita in modo del tutto univoco: si vede infatti dalla [9.12], o dalla [9.11], che $\theta(t)$ è determinata a meno di un fattore moltiplicativo arbitrario. Siamo quindi liberi di scegliere l'unità di misura della nuova scala delle temperature θ nel modo piú adatto. La scelta abituale di questa unità si fa ponendo uguale a 100 la differenza tra la temperatura di ebollizione e la temperatura di congelamento dell'acqua alla pressione di 1 atm.

La scala delle temperature che cosí si definisce è detta *scala termodinamica assoluta delle temperature*. Essa ha il vantaggio di essere indipendente dalle particolari proprietà della sostanza termometrica; inoltre, usando questa scala, tutte le leggi termodinamiche assumono una forma semplice.

Dimostreremo ora che *la temperatura termodinamica assoluta θ coincide con la temperatura assoluta T* introdotta nel § 2 per i gas perfetti.

Consideriamo un ciclo di Carnot compiuto da un gas perfetto (consideriamo, per semplicità, 1 mole di gas). Siano T_1 e T_2 le temperature (misurate con un termometro a gas) delle due isoterme di tale ciclo (fig. 7). Calcoliamo dapprima il calore Q_2 assorbito alla temperatura T_2 durante l'espansione isotermica AB. Applicando il primo principio, equazione [3.5], alla trasformazione AB, e apponendo gli indici A e B alle quantità che si riferiscono agli stati A e B, abbiamo

$$U_B - U_A + L_{AB} = Q_2 ,$$

dove L_{AB} è il lavoro compiuto durante l'espansione isotermica; esso può essere calcolato facendo uso della [2.5]:

$$L_{AB} = RT_2 \log \frac{V_B}{V_A} .$$

Serviamoci ora del fatto che l'energia di un gas perfetto è funzione solamente della temperatura T (§ 5). Ne consegue che, essendo A e B sulla medesima isoterma, deve essere $U_A = U_B$, e quindi

$$Q_2 = L_{AB} = RT_2 \log \frac{V_B}{V_A} .$$

In modo analogo possiamo dimostrare che la quantità di calore ceduta alla sorgente T_1 durante la compressione isotermica rappresentata dal ramo DC è

$$Q_1 = RT_1 \log \frac{V_D}{V_C} .$$

Giacendo poi A e C sulla medesima adiabatica, dalla [6.1] otteniamo

$$T_1 V_C^{K-1} = T_2 V_A^{K-1} ;$$

e, analogamente,

$$T_1 V_D^{K-1} = T_2 V_B^{K-1} .$$

Dividendo membro a membro questa equazione per la

precedente ed estraendo la radice $(K-1)$-esima, si ha

$$\frac{V_B}{V_A} = \frac{V_D}{V_C}.$$

Infine, da questa equazione e dalle espressioni di Q_2 e Q_1, otteniamo

$$\frac{Q_2}{Q_1} = \frac{T_2}{T_1}.$$

Questa equazione ci fa vedere che il rapporto Q_2/Q_1 è uguale al rapporto T_2/T_1 delle temperature delle sorgenti quando queste sono espresse nella scala delle temperature del termometro a gas. Ma dalla [9.12] segue che Q_2/Q_1 è pure uguale al rapporto delle temperature delle sorgenti quando queste sono espresse nella scala termodinamica assoluta; quindi il rapporto delle due temperature nella scala termodinamica assoluta è uguale allo stesso rapporto espresso nella scala del termometro a gas: vale a dire le due scale di temperatura sono proporzionali. Poiché le unità di temperatura si sono scelte uguali per le due scale, ne consegue che le due scale di temperatura sono in effetti uguali, cioè

$$\theta = T. \qquad [9.13]$$

Essendo θ e T uguali, non abbiamo piú bisogno di indicarle con due lettere distinte; d'ora in poi, pertanto, useremo sempre la lettera T per indicare la temperatura termodinamica assoluta.

Usando T invece di θ, dalla [9.12] otteniamo, per un ciclo reversibile tra le temperature T_1 e T_2,

$$\frac{Q_2}{Q_1} = \frac{T_2}{T_1}; \qquad [9.14]$$

e il rendimento [8.2] di un motore reversibile diviene

$$\eta = 1 - \frac{T_1}{T_2} = \frac{T_2 - T_1}{T_2}. \qquad [9.15]$$

10. MOTORI TERMICI

Abbiamo già dimostrato che nessun motore termico che lavori tra certe due temperature può avere un rendimento superiore a quello di un motore reversibile che lavori tra le stesse temperature. Quindi la [9.15] dà l'espressione del piú alto rendimento che può avere un motore termico che lavori tra le temperature T_1 e T_2.

Nella maggior parte dei motori termici, la temperatura inferiore T_1 è la temperatura ambiente, e non è quindi regolabile. È perciò desiderabile, sotto l'aspetto termodinamico, che la temperatura T_2 sia la piú alta possibile. Naturalmente dobbiamo sempre tener presente il fatto che il rendimento effettivo è, generalmente, ben al disotto del rendimento massimo [9.15], in quanto tutti i motori termici sono molto lontani dall'essere reversibili.

Un ciclo di Carnot percorso in senso inverso può essere usato per sottrarre una quantità di calore Q_1 da una sorgente alla temperatura inferiore T_1 assorbendo una quantità L di lavoro. Dalle [8.1] e [9.14] si deduce facilmente che

$$Q_1 = L \frac{T_1}{T_2 - T_1} . \tag{10.1}$$

Su questo principio si può costruire un dispositivo frigorifero, usando la temperatura dell'ambiente come temperatura superiore T_2. Un ciclo di Carnot percorso a rovescio potrebbe quindi venire usato per sottrarre il calore Q_1 da un corpo raffreddato alla temperatura $T_1 < T_2$ (temperatura ambiente). È evidente dalla [10.1] che la quantità di lavoro necessaria per sottrarre una certa quantità di calore Q_1 da un corpo alla temperatura T_1 diviene sempre piú grande al diminuire della temperatura T_1.

Come per i motori termici ordinari, cosí per le macchine refrigeranti il rendimento è molto inferiore a quello termodinamico [10.1], in quanto nei dispositivi di refrigerazione intervengono sempre dei processi irreversibili.

PROBLEMI

1. Una mole di gas monoatomico compie un ciclo di Carnot tra le temperature 400 °K e 300 °K. Nella trasformazione isotermica superiore, il volume iniziale è di 1 litro, quello finale di 5 litri. Trovare il lavoro compiuto durante un ciclo, e le quantità di calore scambiate con le due sorgenti.

2. Quale è il rendimento massimo di un motore termico che lavora tra una temperatura superiore di 100 °C e una inferiore di 18 °C?

3. Trovare la quantità minima di lavoro necessaria per sottrarre 1 cal da un corpo alla temperatura di — 10 °C, quando la temperatura dell'ambiente è di 35 °C.

Capitolo 4. L'entropia

11. ALCUNE PROPRIETÀ DEI CICLI

Consideriamo un sistema S che compia una trasformazione ciclica. Supponiamo che durante il ciclo il sistema ceda o riceva calore da un insieme di sorgenti alle temperature rispettive $T_1, T_2, \dots, T_n$. Siano $Q_1, Q_2, \dots, Q_n$ le relative quantità di calore scambiate dal sistema con le sorgenti; conteremo le Q come positive se esse rappresentano quantità di calore ricevute dal sistema, come negative nel caso contrario.

Dimostriamo ora che

$$\sum_{i=1}^{n} \frac{Q_i}{T_i} \leq 0\,, \qquad [11.1]$$

dove vale il segno di uguaglianza se il ciclo è reversibile.

Per dimostrare la [11.1] introduciamo, accanto alle n sorgenti di calore di cui sopra, un'altra sorgente di calore a una temperatura T_0 arbitraria, e introduciamo anche n motori ciclici reversibili (consideriamo n cicli di Carnot $C_1, C_2, \dots, C_n$) che lavorano rispettivamente tra le temperature $T_1, T_2, \dots, T_n$ e la temperatura T_0. Sceglieremo l'i-esimo ciclo di Carnot, C_i, di dimensioni tali che esso ceda, alla temperatura T_i, una quantità di calore Q_i, cioè una quantità di calore eguale a quella acquistata dal sistema S alla temperatura T_i.

Secondo la [9.14], la quantità di calore acquistata da C_i dalla sorgente T_0 è

$$Q_{i0} = \frac{T_0}{T_i} Q_i . \qquad [11.2]$$

Consideriamo ora un ciclo composto comprendente un ciclo del sistema S e un ciclo di ciascuno dei cicli di Carnot $C_1, C_2, \ldots, C_n$. In ciascuna delle sorgenti $T_1, T_2, \ldots, T_n$, lo scambio complessivo di calore durante il ciclo composto è zero: infatti, la sorgente T_i cede una quantità Q_i di calore al sistema S, ma essa riceve un'eguale quantità di calore dal ciclo C_i. La sorgente T_0, d'altra parte, perde una quantità di calore uguale alla somma delle quantità (date dalla [11.2]) assorbite dai cicli di Carnot $C_1, C_2, \ldots, C_n$. Cosí la sorgente T_0 cede complessivamente la quantità di calore

$$Q_0 = \sum_{i=1}^{n} Q_{i,0} = T_0 \sum_{i=1}^{n} \frac{Q_i}{T_i} . \qquad [11.3]$$

In definitiva, il risultato finale del nostro ciclo composto è che il sistema costituito da S e da $C_1, C_2, \ldots, C_n$ riceve una quantità di calore Q_0 dalla sorgente T_0. Ma si è già visto, che, in una trasformazione ciclica, il lavoro compiuto è uguale alla quantità totale di calore ricevuto dal sistema. Quindi, poiché alla fine del ciclo composto S, C_1, $C_2, \ldots, C_n$ ritornano ai rispettivi stati iniziali, il solo risultato finale di tale ciclo è di trasformare in lavoro una certa quantità di calore tratta da una sorgente a temperatura uniforme T_0. Ne viene che, se Q_0 fosse positivo, questo risultato sarebbe in contraddizione con il postulato di Kelvin. Dovrà perciò essere $Q_0 \leqq 0$, ossia, dalla [11.3],

$$\sum_{i=1}^{n} \frac{Q_i}{T_i} \leqq 0 ,$$

che coincide con la [11.1].

Se il ciclo compiuto da S è reversibile, esso può essere percorso in senso opposto; in questo caso tutte le Q_i cambiano segno. Applicando la [11.1] al ciclo percorso in senso inverso, otteniamo

$$\sum_{i=1}^{n} -\frac{Q_i}{T_i} \leqq 0 ,$$

ossia

$$\sum_{i=1}^{n} \frac{Q_i}{T_i} \geqq 0 .$$

Quindi, se il ciclo è reversibile, accanto alla [11.3] deve essere verificata anche questa disuguaglianza, e questo è possibile solo se vale il segno di uguaglianza. Ne concludiamo perciò che per un ciclo reversibile si ha

$$\sum_{i=1}^{n} \frac{Q_i}{T_i} = 0 ; \qquad [11.4]$$

col che il nostro teorema risulta dimostrato.

Nello stabilire le relazioni [11.1] e [11.4], si è fatta l'ipotesi che il sistema scambi calore con un numero finito di sorgenti $T_1, T_2, ..., T_n$. È importante tuttavia considerare il caso in cui il sistema scambi calore con una distribuzione continua di sorgenti. In questo caso le sommatorie che figurano in [11.1] e [11.4] vanno sostituite con integrali estesi all'intero ciclo.

Indicando con $\oint$ l'integrale esteso a un ciclo completo e con $\mathrm{d}Q$ la quantità infinitesima di calore ricevuta dal sistema da una sorgente a temperatura T, abbiamo

$$\oint \frac{\mathrm{d}Q}{T} \leqq 0 , \qquad [11.5]$$

valida per tutti i cicli, e

$$\oint \frac{\mathrm{d}Q}{T} = 0 , \qquad [11.6]$$

valida per i cicli reversibili.[1]

[1] Per evitare confusioni sul significato delle [11.5] e [11.6], osserviamo che T è la temperatura della sorgente che cede la quantità di calore $\mathrm{d}Q$, e non è necessariamente uguale alla temperatura T' del sistema (o di quella parte del sistema) che riceve questa quantità di calore $\mathrm{d}Q$. Infatti, se il ciclo è

12. L'ENTROPIA

La proprietà di un ciclo reversibile espressa dalla [11.6] si può enunciare anche nel modo seguente. Siano A e B due stati di equilibrio di un sistema S. Consideriamo una trasformazione reversibile che faccia passare il sistema dal suo stato iniziale A allo stato finale B. Nella maggior parte dei casi vi saranno molte trasformazioni reversibili che portano il sistema da A a B. Per esempio, se lo stato del sistema può essere rappresentato su un diagramma (V, p), una qualunque curva continua che unisce i due punti A

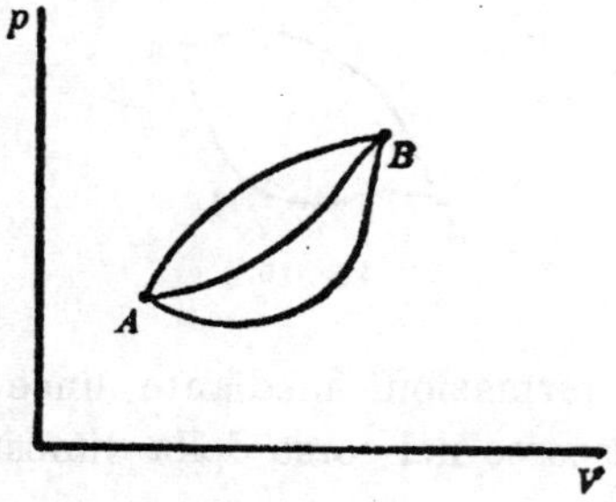

Fig. 9.

e B (che rappresentano gli stati iniziali e finali del sistema) corrisponde a una possibile trasformazione reversibile da A a B. In figura 9 sono indicate tre trasformazioni di questo tipo.

Consideriamo ora l'integrale

$$\int_A^B \frac{dQ}{T},$$

irreversibile (relazione [11.5]), si ha $T' \leq T$ quando dQ è positivo, perché il calore non fluisce da un corpo più freddo a uno più caldo, e $T' \geq T$ quando dQ è negativo. Tuttavia, se il ciclo è reversibile (equazione [11.6]), si deve sempre avere $T' = T$, in quanto uno scambio di calore tra due corpi a temperatura diversa non è reversibile. Nella [11.6] possiamo quindi considerare T come la temperatura della sorgente e di quella parte del sistema che riceve la quantità di calore dQ.

esteso a una trasformazione reversibile da A a B ($\mathrm{d}Q$ è la quantità di calore assorbita reversibilmente dal sistema alla temperatura T). Dimostreremo ora che *l'integrale di cui sopra ha lo stesso valore per tutte le trasformazioni reversibili da A a B, vale a dire il valore di quest'integrale per una trasformazione reversibile dipende solamente dagli stati estremi A e B della trasformazione e non dalla particolare trasformazione considerata.*

Per dimostrare questo teorema, dobbiamo far vedere che, se I e II sono due trasformazioni reversibili da A a B (in figura 10 si sono rappresentati gli stati mediante

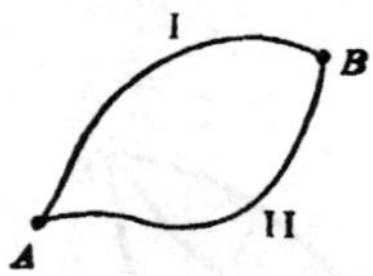

Fig. 10.

punti e le trasformazioni mediante linee solamente per appoggiare il discorso nel corso della dimostrazione), allora

$$\left(\int_A^B \frac{\mathrm{d}Q}{T}\right)_{\mathrm{I}} = \left(\int_A^B \frac{\mathrm{d}Q}{T}\right)_{\mathrm{II}}, \qquad [12.1]$$

dove i due integrali si devono calcolare lungo i cammini I e II rispettivamente.

Consideriamo la trasformazione ciclica $A\mathrm{I}B\mathrm{II}A$. Questo è un ciclo reversibile, essendo costituito da due trasformazioni reversibili. Possiamo applicare la [11.6] a questa trasformazione, ottenendo

$$\oint_{A\mathrm{I}B\mathrm{II}A} \frac{\mathrm{d}Q}{T} = 0\,.$$

Quest'integrale può decomporsi nella somma di due integrali:

$$\left(\int_A^B \frac{\mathrm{d}Q}{T}\right)_{\mathrm{I}} + \left(\int_B^A \frac{\mathrm{d}Q}{T}\right)_{\mathrm{II}} = 0\,.$$

Il secondo integrale di questa espressione è uguale a $-\left(\int_A^B \frac{dQ}{T}\right)_{II}$ poiché nella trasformazione da B ad A, lungo II, dQ assume gli stessi valori, eccettuato il segno, assunti nella trasformazione da A a B. In questo modo si ottiene la [12.1], e il nostro teorema risulta dimostrato.

La proprietà espressa dalla [12.1] ci permette di definire una nuova funzione dello stato del sistema. Questa funzione, che prende il nome di *entropia* ed è di importanza basilare in termodinamica, è definita nel modo seguente:

Scegliamo arbitrariamente un certo stato di equilibrio O del nostro sistema, e chiamiamolo *stato di riferimento*. Sia poi A un altro stato di equilibrio e si consideri l'integrale

$$S(A) = \int_O^A \frac{dQ}{T}, \qquad [12.2]$$

calcolato lungo una trasformazione reversibile. Già si è visto che tale integrale dipende solamente dagli stati O e A e non dalla particolare trasformazione reversibile da O ad A. Tuttavia, essendo lo stato di riferimento O fissato, possiamo dire che la [12.2] è una funzione dello stato A solamente. Chiameremo entropia dello stato A la funzione così definita.[1]

[1] La necessità di limitare questa definizione di entropia solamente a stati di equilibrio sorge dal fatto che la trasformazione da O ad A deve essere reversibile, deve cioè essere costituita da una successione di stati di equilibrio. Ne segue, per ragioni di continuità, che gli stati iniziali e finali O e A debbono, essi pure, essere stati di equilibrio.

In molti casi, tuttavia, è possibile definire l'entropia anche per stati non di equilibrio. Consideriamo ad esempio un sistema composto di diverse parti omogenee a diverse temperature e pressioni. Ciascuna parte abbia però una temperatura e una pressione uniforme. Se le diverse parti sono in contatto diretto l'una con l'altra, il sistema non sarà, evidentemente, in equilibrio: del calore infatti fluirà dalle parti più calde a quelle più fredde, e le differenze di pressione origineranno dei moti. Tuttavia, se racchiudiamo ciascuna parte in un recipiente rigido, il nostro sistema sarà in equilibrio, e potremo determinarne l'entropia.

Consideriamo ora due stati di equilibrio A e B, e siano $S(A)$ ed $S(B)$, rispettivamente, le entropie di questi stati. Dimostreremo che

$$S(B) - S(A) = \int_A^B \frac{\mathrm{d}Q}{T}, \qquad [12.3]$$

dove l'integrale va calcolato lungo una trasformazione reversibile da A a B.

Per dimostrare questo, osserviamo che l'integrale che figura nel secondo membro della [12.3] ha lo stesso valore per tutte le trasformazioni reversibili che fanno passare il sistema dallo stato A allo stato B. Possiamo quindi scegliere una particolare trasformazione consistente di due trasformazioni reversibili successive: dapprima una trasformazione reversibile da A allo stato di riferimento O, quindi una trasformazione reversibile da O a B. In questo modo l'integrale [12.3] può essere scritto come la somma di due integrali:

$$\int_A^B \frac{\mathrm{d}Q}{T} = \int_A^O \frac{\mathrm{d}Q}{T} + \int_O^B \frac{\mathrm{d}Q}{T}. \qquad [12.4]$$

Dalla definizione [12.2] abbiamo

$$(S)B = \int_O^B \frac{\mathrm{d}Q}{T},$$

poiché la trasformazione da O a B è reversibile. Abbiamo inoltre

$$\int_A^O \frac{\mathrm{d}Q}{T} = -\int_O^A \frac{\mathrm{d}Q}{T} = -S(A).$$

Sostituendo questi due valori agli integrali del secondo membro della [12.4], otteniamo la [12.3], che è quanto volevasi dimostrare.

La definizione [12.2] di entropia richiede la scelta dello stato di riferimento arbitrario O. È facile dimostrare che, se invece di O scegliamo uno stato di riferimento diverso O', il nuovo valore $S'(A)$, che noi troviamo per l'entropia dello stato A, differisce dal vecchio, $S(A)$, solamente per una costante additiva.

Se prendiamo O' come nuovo stato di riferimento, abbiamo, per definizione,

$$S'(A) = \int_{O'}^{A} \frac{dQ}{T},$$

dove l'integrale va calcolato lungo una trasformazione reversibile da O' ad A. Applicando la [12.3] a questo integrale, troviamo

$$S'(A) = S(A) - S(O'),$$

ossia

$$S(A) - S'(A) = S(O'). \qquad [12.5]$$

Essendo il nuovo stato di riferimento fissato, $S(O')$ è una costante (vale a dire essa non dipende dallo stato variabile A). Vediamo cosí dalla [12.5] che la differenza tra le entropie dello stato A, ottenute con due differenti stati di riferimento O e O', è una costante.

L'entropia viene cosí ad essere definita a meno di una costante arbitraria. Questa indeterminazione è irrilevante fin che si ha a che fare con differenze di entropia; in parecchi problemi, però, la costante additiva ha una funzione importante. Vedremo piú tardi come il terzo principio della termodinamica completi la definizione di entropia e ci permetta di determinarne la costante (cap. 8).

Sia dalla [12.2] che dalla [12.3] segue che, se si considera una trasformazione infinitesimale reversibile durante la quale l'entropia varii di dS e il sistema riceva una quantità di calore dQ alla temperatura T, si ha

$$dS = \frac{dQ}{T}, \qquad [12.6]$$

vale a dire la variazione di entropia durante una trasformazione infinitesimale reversibile si ottiene dividendo la quantità di calore assorbita dal sistema per la sua temperatura.

L'entropia di un sistema composto di diverse parti è molto spesso uguale alla somma delle entropie di tutte le parti che lo compongono. Questo è vero quando l'energia del sistema è la somma delle energie di tutte le parti che lo compongono e se il lavoro compiuto dal sistema durante una trasformazione è uguale alla somma delle quantità di lavoro compiute dalle singole parti. Si osservi che queste condizioni non sono del tutto ovvie e che in alcuni casi possono non essere soddisfatte. Cosí, per esempio, nel caso di un sistema composto di due sostanze omogenee, sarà possibile esprimere l'energia come somma dell'energia delle due sostanze solamente se si può trascurare l'energia di superficie, nei punti di contatto. L'energia di superficie, in generale, si può trascurare solamente se le due sostanze non sono finemente suddivise, altrimenti essa ha un valore considerevole.

Supponiamo, per semplicità, che il nostro sistema s sia composto soltanto di due sistemi parziali s_1 ed s_2. Supponiamo inoltre che l'energia U di s sia uguale alla somma delle energie U_1 e U_2 di s_1 ed s_2:

$$U = U_1 + U_2 \, ,$$

e che il lavoro L compiuto da s durante una trasformazione sia uguale alla somma di L_1 ed L_2, alla somma cioè del lavoro compiuto da s_1 e da s_2 rispettivamente:

$$L = L_1 + L_2 \, .$$

Da queste ipotesi e dalla [3.5] segue che il calore Q ricevuto dal sistema s durante una trasformazione può essere scritto come la somma

$$Q = Q_1 + Q_2$$

delle quantità di calore ricevute dalle due parti. Questo ci permette di scomporre l'integrale [12.2], che definisce l'entropia, nella somma

$$S(A) = \int_O^A \frac{dQ}{T} = \int_O^A \frac{dQ_1}{T} + \int_O^A \frac{dQ_2}{T},$$

di due integrali che definiscono le entropie dei due sistemi parziali s_1 ed s_2.[1]

Quando sono verificate le condizioni di validità per l'additività dell'entropia, si può in molti casi definire l'entropia di un sistema anche se esso non si trova in uno stato di equilibrio. Questo è possibile se il sistema dato può essere suddiviso in un certo numero di parti, ciascuna delle quali sia per suo conto in equilibrio. Possiamo allora definire l'entropia di ciascuna di queste parti e porre, per definizione, l'entropia del sistema complessivo uguale alla somma delle entropie di tutte le sue parti.[2]

13. ULTERIORI PROPRIETÀ DELL'ENTROPIA

Si considerino due stati A e B di un sistema. Dalla [12.3] abbiamo

$$S(B) - S(A) = \int_A^B \frac{dQ}{T},$$

[1] Si osservi che, se si conoscono lo stato di riferimento O e lo stato A del sistema, si conoscono anche i corrispondenti stati delle due parti che compongono il sistema totale; stati che sono stati indicati con le stesse lettere O e A.

[2] Si può dimostrare facilmente che tutte le proprietà che già si sono dimostrate valide per l'entropia valgono anche nel caso di questa definizione generalizzata.

dove l'integrale va calcolato lungo una trasformazione reversibile che porti da A a B.

Se l'integrale è calcolato lungo una trasformazione irreversibile, l'equazione precedente non è piú valida. In questo caso si può dimostrare invece che vale la seguente disuguaglianza:

$$S(B) - S(A) \geqq \int_A^B \frac{dQ}{T}. \qquad [13.1]$$

Infatti, immaginiamo di far passare il nostro sistema da A a B lungo una trasformazione irreversibile, I, e di farlo ritornare di nuovo in A lungo una trasformazione re-

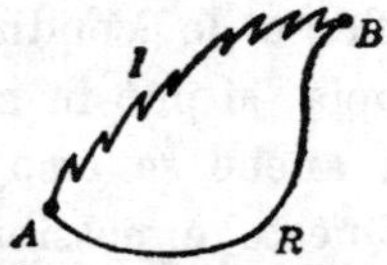

Fig. 11.

versibile R (fig. 11). I ed R insieme costituiscono un ciclo irreversibile $AIBRA$. Applicando la [11.5] a questo ciclo irreversibile, otteniamo

$$0 \geqq \oint_{AIBRA} \frac{dQ}{T} = \left(\int_A^B \frac{dQ}{T}\right)_I + \left(\int_B^A \frac{dQ}{T}\right)_R .$$

Poiché la [12.3] può essere applicata alla trasformazione reversibile R, da B ad A, abbiamo

$$\left(\int_B^A \frac{dQ}{T}\right)_R = S(A) - S(B).$$

Sostituendo nella precedente disuguaglianza, abbiamo

$$0 \geqq \left(\int_A^B \frac{dQ}{T}\right)_I - [S(B) - S(A)];$$

quindi, per il caso generale di una qualunque trasformazione da A a B, si ha

$$\int_A^B \frac{dQ}{T} \leqq S(B) - S(A) ,$$

che coincide con la [13.1], come volevasi dimostrare.

Per un sistema completamente isolato, la [13.1] prende una forma molto semplice. Essendo per un tale sistema $dQ = 0$, abbiamo

$$S(B) \geqq S(A) , \qquad [13.2]$$

vale a dire: *per una qualunque trasformazione che avviene in un sistema isolato, l'entropia dello stato finale non può mai essere inferiore a quella dello stato iniziale.* Se la trasformazione è reversibile, vale nella [13.2] il segno di uguaglianza, cosicché il sistema non cambia la sua entropia.

Sia ben chiaro che la [13.2] vale solamente per i sistemi isolati. È infatti possibile ridurre l'entropia di un corpo mediante un sistema esterno. L'entropia di questo e del sistema esterno considerati insieme, però, non può diminuire.

Quando un sistema isolato si trova nello stato di entropia massima compatibile con la sua energia, esso non può compiere alcuna ulteriore trasformazione, perché una qualsiasi trasformazione porterebbe a una diminuzione di entropia. Quindi, *lo stato di entropia massima è lo stato piú stabile per un sistema isolato.* Il fatto che tutte le trasformazioni spontanee in un sistema isolato tendono ad aumentare l'entropia può essere illustrato convenientemente mediante due semplici esempi.

Consideriamo, come primo esempio, il passaggio di calore per conduzione termica tra due parti A_1 e A_2 di un sistema. Siano T_1 e T_2 le temperature di queste due parti e sia $T_1 < T_2$. Poiché il calore fluisce per conduzione dal corpo piú caldo al corpo piú freddo, il corpo A_2 cede una certa quantità di calore Q, che è assorbita dal corpo A_1. Allora l'entropia di A_1 varia di Q/T_1, mentre quella di A_2 varia di $-Q/T_2$. La variazione totale di entropia del sistema complessivo è allora

$$\frac{Q}{T_1} - \frac{Q}{T_2}.$$

Essendo $T_1 < T_2$, questa variazione risulta evidentemente positiva; l'entropia del sistema complessivo è quindi aumentata.

Come secondo esempio, consideriamo la produzione di calore per attrito. Anche questo processo irreversibile determina un aumento di entropia. Poiché il calore viene dal lavoro e non da un'altra parte del sistema, quest'incremento di entropia non è compensato da una diminnzione di entropia in un'altra parte del sistema.

Il fatto che l'entropia di un sistema isolato non può mai diminuire in qualunque trasformazione ha un'interpretazione molto chiara dal punto di vista statistico. Boltzmann ha dimostrato che l'entropia di un dato stato di un sistema termodinamico è connessa da una semplice relazione con la probabilità di questo stato.

Abbiamo già sottolineato la differenza tra il concetto dinamico e quello termodinamico di stato di un sistema. Per definire lo stato dinamico è necessario avere una conoscenza dettagliata della posizione e del movimento di tutte le molecole che compongono il sistema. Lo stato termodinamico, invece, è definito assegnando un numero piccolo di parametri, per esempio la temperatura, la pressione, e cosí via. Ne segue, quindi, che allo stesso stato termodinamico corrisponde un gran numero di stati dinamici. La meccanica statistica fissa alcuni criteri per assegnare il numero π di stati dinamici che corrispondono a un dato stato termodinamico (cfr. § 30). Questo numero π è di solito chiamato *probabilità* dello stato termodinamico considerato, benché, a rigore, esso sia solamente proporzionale alla probabilità nel senso usuale. Questa può essere ottenuta dividendo π per il numero totale dei possibili stati dinamici del sistema.

Supporremo ora, in armonia con le considerazioni statistiche, che in un sistema isolato avvengano solo quelle trasformazioni spontanee che portano il sistema a stati di maggiore probabilità; lo stato piú stabile del sistema sarà allora lo stato di probabilità massima compatibile con la data energia totale del sistema.

Quest'ipotesi istituisce un parallelismo tra le proprietà della probabilità π e l'entropia S del nostro sistema, e suggerisce l'esistenza di una relazione funzionale tra queste due quantità. Una tale relazione fu in effetti stabilita da Boltzmann, il quale dimostrò che si ha

$$S = k \log \pi , \qquad [13.3]$$

dove k è una costante, chiamata ***costante di Boltzmann***, ed è uguale al rapporto

$$\frac{R}{A} \qquad [13.4]$$

tra la costante R dei gas e il numero A di Avogadro.

Senza dare una dimostrazione della [13.3], possiamo dimostrare che, supponendo l'esistenza di una relazione funzionale tra S e π:

$$S = f(\pi) , \qquad [13.5]$$

l'entropia è proporzionale al logaritmo della probabilità.

Consideriamo un sistema composto di due parti, e siano S_1 ed S_2 le entropie e π_1 e π_2 le probabilità degli stati di queste parti. Dalla [13.5] abbiamo

$$S_1 = f(\pi_1) , \qquad S_2 = f(\pi_2) .$$

Ma l'entropia del sistema complessivo è la somma delle due entropie:

$$S = S_1 + S_2 ,$$

e la probabilità del sistema complessivo è il prodotto delle due probabilità:

$$\pi = \pi_1 \pi_2 .$$

Donde, dalla [13.5] otteniamo

$$f(\pi_1 \pi_2) = f(\pi_1) + f(\pi_2) .$$

La funzione f deve quindi soddisfare alla seguente equazione funzionale:

$$f(xy) = f(x) + f(y) . \qquad [13.6]$$

Da questa proprietà di f si può determinare la forma della f stessa. Poiché la [13.6] è verificata per qualsiasi valore di x e di y, possiamo porre $y = 1 + \varepsilon$, essendo ε un infinitesimo di primo ordine. Si ha allora

$$f(x + x\varepsilon) = f(x) + f(1 + \varepsilon) .$$

Sviluppando i due membri in serie di Taylor e trascurando i termini di ordine superiore al primo, abbiamo

$$f(x) + x\varepsilon f'(x) = f(x) + f(1) + \varepsilon f'(1) .$$

Per $\varepsilon = 0$, troviamo $f(1) = 0$. Quindi

$$xf'(x) = f'(1) = k$$

(dove k è una costante), ossia

$$f'(x) = \frac{k}{x} .$$

Integrando, otteniamo

$$f(x) = k \log x + \text{costante} .$$

Ricordando la [13.5], abbiamo infine

$$S = k \log \pi + \text{costante} .$$

La costante di integrazione può poi essere posta uguale a zero, in quanto l'entropia è definita a meno di una costante additiva. Si ottiene cosí la [13.3].

Questa non è, ovviamente, una dimostrazione dell'equazione di Boltzmann [13.3]. Infatti non si è dimostrata l'esistenza di una relazione funzionale tra S e π, ma la si è semplicemente ammessa come plausibile.

14. L'ENTROPIA DI SISTEMI CON STATI RAPPRESENTABILI SU DIAGRAMMA (V, p)

Per questi sistemi, lo stato è definito da due qualunque delle tre variabili, p, V e T. Se scegliamo T e V come variabili indipendenti (variabili di stato), il calore dQ ricevuto dal sistema durante una trasformazione infinitesimale in conseguenza della quale T e V cambiano rispettivamente di dT e di dV è dato dalla espressione differenziale [4.3]:

$$dQ = \left(\frac{\partial U}{\partial T}\right)_V dT + \left[\left(\frac{\partial U}{\partial V}\right)_T + p\right] dV . \qquad [14.1]$$

Da questa e dalla [12.6] otteniamo

$$dS = \frac{dQ}{T} = \frac{1}{T}\left(\frac{\partial U}{\partial T}\right)_V dT + \frac{1}{T}\left[\left(\frac{\partial U}{\partial V}\right)_T + p\right] dV . \qquad [14.2]$$

Queste due espressioni differenziali per dQ e dS differiscono per una proprietà molto importante. Dalla teoria generale noi sappiamo che esiste una funzione S dello stato del sistema. Nel nostro caso, S sarà quindi una funzione delle variabili T e V, che definiscono lo stato del sistema:

$$S = S(T, V) . \qquad [14.3]$$

L'espressione differenziale che sta al secondo membro della [14.2] è quindi il differenziale di una funzione delle due variabili indipendenti T e V.

Si dice in generale che un'espressione differenziale nelle due variabili indipendenti x e y, del tipo

$$dz = M(x, y)\, dx + N(x, y)\, dy , \qquad [14.4]$$

è un *differenziale esatto*, se essa è il differenziale di una funzione di x e di y. Conseguentemente possiamo dire che la [14.2] è un differenziale esatto delle variabili indipendenti T e V.

È ben noto che, se dz è un differenziale esatto, allora M ed N debbono soddisfare la seguente equazione:

$$\frac{\partial M(x, y)}{\partial y} = \frac{\partial N(x, y)}{\partial x} . \qquad [14.5]$$

Quando questa condizione è soddisfatta, è possibile integrare la [14.4] e trovare cosí una funzione che la soddisfi. In caso contrario, non esiste una tale funzione, e dz non può essere considerato come il differenziale di una funzione di x e di y: in questo caso l'integrale della [14.4] lungo un cammino che congiunga due punti nel piano (x, y) dipende non solamente da questi due punti (i limiti dell'integrale), ma anche dal cammino che li unisce.

Riguardo alle due espressioni differenziali [14.1] e [14.2],

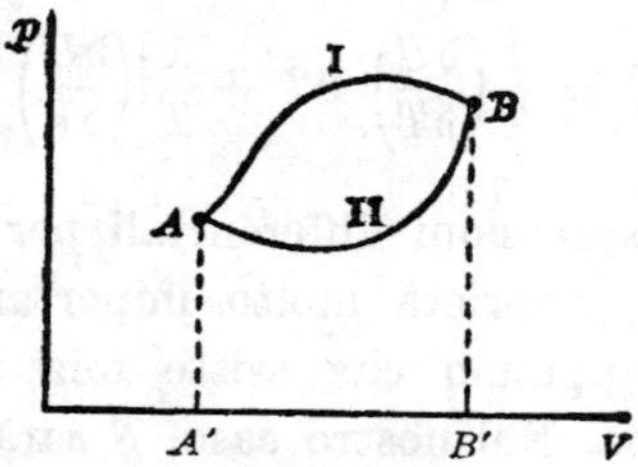

Fig. 12.

già si è fatto osservare che dS è un differenziale esatto. Se consideriamo due stati A e B nel diagramma (V, p) connessi da due trasformazioni reversibili distinte I e II (fig. 12) e integriamo dS lungo i due cammini I e II, otteniamo, nei due casi, lo stesso risultato, cioè $S(B) - S(A)$. Se invece integriamo dQ lungo questi due cammini, otteniamo due risultati Q_1 e Q_2, che non sono in generale uguali. Questo può essere verificato in modo molto semplice applicando il primo principio della termodinamica [3.5] alle due trasformazioni I e II. Otteniamo cosí

$$Q_{\text{I}} = U(B) - U(A) + L_{\text{I}}$$
$$Q_{\text{II}} = U(B) - U(A) + L_{\text{II}} .$$

E facendo la differenza di queste due espressioni, si ha

$$Q_{\text{I}} - Q_{\text{II}} = L_{\text{I}} - L_{\text{II}} .$$

L_{I} ed L_{II} sono dati rispettivamente dalle aree $AIBB'A'A$ e $AIIBB'A'A$. Poiché la differenza tra queste due aree è uguale all'area $AIBIIA$, ne segue che $L_{\text{I}} - L_{\text{II}}$ e, quindi, $Q_{\text{I}} - Q_{\text{II}}$ sono, in generale, diversi da zero. Pertanto la [14.1] non è un differenziale esatto, e non si può trovare una funzione Q dello stato del sistema. Si osservi che, se esistesse un fluido di calore, come si pensava prima dello sviluppo della termodinamica moderna, si potrebbe trovare una funzione Q dello stato del sistema.

A illustrazione delle precedenti considerazioni, prendiamo ora in esame le espressioni di $\mathrm{d}Q$ e di $\mathrm{d}S$ per 1 mole di un gas perfetto. Dalla [5.4] abbiamo

$$\mathrm{d}Q = C_V \mathrm{d}T + p\,\mathrm{d}V ,$$

ossia, eliminando p per mezzo dell'equazione di stato $pV = RT$,

$$\mathrm{d}Q = C_V \mathrm{d}T + \frac{RT}{V}\mathrm{d}V . \qquad [14.6]$$

Quest'espressione non è un differenziale esatto, poiché — come può essere facilmente accertato — la [14.5] non è soddisfatta.

Dalle [14.6] e [12.6] otteniamo

$$\mathrm{d}S = \frac{\mathrm{d}Q}{T} = \frac{C_V}{T}\mathrm{d}T + \frac{R}{V}\mathrm{d}V . \qquad [14.7]$$

Essendo soddisfatta la condizione [14.5], quest'espressione è un differenziale esatto.

Integrando la [14.7], otteniamo

$$S = C_V \log T + R \log V + a\,, \tag{14.8}$$

dove a è una costante di integrazione. Questa costante additiva rimane indeterminata, in accordo con la definizione [12.2] di entropia (vedi però § 32).

L'espressione [14.8] per l'entropia di 1 mole di gas perfetto può essere trasformata introducendo al posto di V il suo valore $V = RT/p$, ottenuto dall'equazione di stato. Ricordando la [5.7] otteniamo

$$S = C_p \log T - R \log p + a + R \log R\,. \tag{14.9}$$

Ritornando al caso generale di una qualunque sostanza i cui stati si possono definire mediante le variabili T e V, otteniamo l'espressione [14.2] per il differenziale dell'entropia. La condizione [14.5], applicata a quest'espressione, dà

$$\frac{\partial}{\partial V}\left(\frac{1}{T}\frac{\partial U}{\partial T}\right) = \frac{\partial}{\partial T}\left[\frac{1}{T}\left(\frac{\partial U}{\partial V} + p\right)\right],$$

dove gli indici V e T sono stati tralasciati perché in tutte queste formule useremo sempre V e T come variabili indipendenti. Calcolando le derivate parziali indicate nella precedente equazione e raggruppando i termini, otteniamo il seguente importante risultato:

$$\left(\frac{\partial U}{\partial V}\right)_T = T\left(\frac{\partial p}{\partial T}\right)_V - p\,. \tag{14.10}$$

Applicheremo la [14.10] per dimostrare che l'energia U di una sostanza che ubbidisce all'equazione $pV = RT$ è una funzione solamente della temperatura e non dipende dal volume. Abbiamo già visto che questo fatto fu verificato direttamente da Joule. È interessante, tuttavia, ottenere questo risultato come conseguenza diretta dell'equazione di stato.

Sostituendo nella [14.10] l'espressione $p = RT/V$, troviamo

$$\left(\frac{\partial U}{\partial V}\right)_T = T\frac{\partial}{\partial T}\left(\frac{RT}{V}\right) - \frac{RT}{V} = 0\,;$$

il che dimostra [1] che U non dipende dal volume V.

Se invece di T, V scegliamo T, p o p, V come variabili indipendenti, otteniamo due altre equazioni che sono sostanzialmente equivalenti alla [14.10]. Cosí, prendendo T e p come variabili di stato, dQ è dato dalla [4.4]. Poiché dS = dQ/T è un differenziale esatto, otteniamo facilmente, mediante la [14.5],

$$\left(\frac{\partial U}{\partial p}\right)_T = -p\left(\frac{\partial V}{\partial p}\right)_T - T\left(\frac{\partial V}{\partial T}\right)_p. \qquad [14.11]$$

Del pari, prendendo p e V come variabili indipendenti, otteniamo dalle [4.5] e [14.5]

$$T = \left[\left(\frac{\partial U}{\partial V}\right)_p + p\right]\left(\frac{\partial T}{\partial p}\right)_V - \left(\frac{\partial U}{\partial p}\right)_V\left(\frac{\partial T}{\partial V}\right)_p. \qquad [14.12]$$

15. L'EQUAZIONE DI CLAPEYRON

In questo paragrafo applicheremo l'equazione [14.10] a un vapore saturo, vale a dire a un sistema composto da un liquido e dal suo vapore in equilibrio.

Consideriamo un liquido contenuto in un cilindro con un pistone a un estremo. Lo spazio compreso tra la superficie del liquido e il pistone sarà occupato dal vapore saturo a una pressione p che dipende solamente dalla temperatura del vapore e non dal suo volume.

Le isoterme per questo sistema liquido-vapore in una rappresentazione (V, p) si ottengono nel modo seguente. Mantenendo la temperatura costante, aumentiamo il vo-

[1] Si osservi che questo risultato non è completamente indipendente dall'esperimento di Joule descritto nel § 5. Infatti la dimostrazione dell'identità tra la temperatura data dal termometro a gas T e la temperatura termodinamica θ data nel § 9 era fondata sul risultato dell'esperimento di Joule.

lume del vapore innalzando il pistone; parte del liquido allora evaporerà per mantenere inalterata la pressione del vapore. Quindi, finché vi è abbastanza liquido, un aumento del volume del sistema lascia invariata la pressione del vapore. L'isoterma per un liquido in equilibrio con il suo vapore è perciò una retta di pressione costante, cioè una parallela all'asse delle V, come è mostrato nella regione interna alla linea tratteggiata in figura 13.

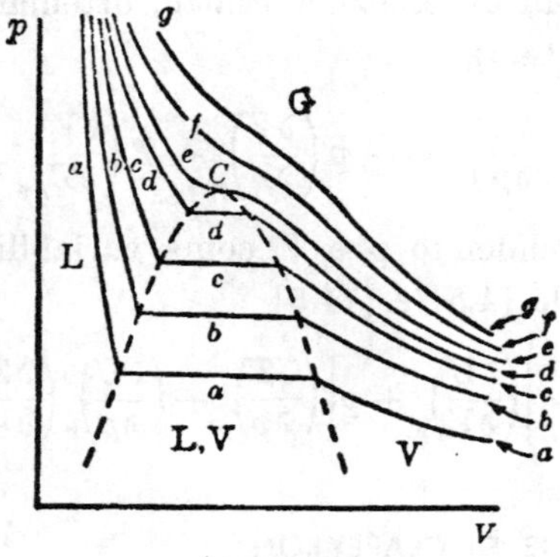

Fig. 13.

Quando si aumenta il volume fino al punto in cui tutto il liquido è evaporato, un ulteriore aumento di volume determinerà, come è mostrato in figura 13, una diminuzione di pressione come nel caso di un gas.

Se ora comprimiamo il sistema, sempre mantenendo costante la temperatura, la pressione aumenterà fino a diventare uguale alla pressione del vapore saturo corrispondente a quella temperatura. A questo punto, un'ulteriore diminuzione di volume non produce un aumento di pressione, bensí una condensazione di parte del vapore a pressione costante (tratto orizzontale dell'isoterma).

Quando si è ridotto il volume a un punto tale che la sostanza è passata per intero allo stato liquido, un'ulteriore compressione produce un aumento molto sensibile di pressione, poiché i liquidi hanno una compressibilità molto bassa; questa parte dell'isoterma sarà quindi molto ripida.

In figura 13 sono rappresentate diverse isoterme del tipo ora discusso, corrispondenti a diversi valori della temperatura (curve *a*, *b*, *c* e *d*). Si vede dalla figura che la lunghezza del tratto orizzontale di isoterma (vale a dire l'intervallo di volume per il quale liquido e vapore possono coesistere in equilibrio a una data temperatura) diminuisce aumentando la temperatura, fino a che, per l'isoterma *ee*, esso si riduce a un trattino infinitesimo (cioè a un punto di flesso a tangente orizzontale). L'isoterma *ee* prende il nome di *isoterma critica*, e la temperatura ad essa relativa quello di *temperatura critica*. Il volume V_c e la pressione p_c corrispondenti al punto di flesso vengono chiamati rispettivamente *volume critico* e *pressione critica*; lo stato corrispondente a V_c, p_c, T_c è detto *stato critico* (o *punto critico*) del sistema.

Le isoterme per temperature al disopra di quella critica sono funzioni monotone decrescenti senza discontinuità. Per temperature molto alte, esse divengono iperboli equilatere, poiché le proprietà della sostanza per temperature molto alte si approssimano sempre piú a quelle di un gas perfetto.

La linea tratteggiata nella figura e la isoterma critica *ee* dividono il piano (V, p) in quattro regioni: la regione indicata con L, che corrisponde allo stato liquido; la regione indicata con LV, che corrisponde alla miscela di liquido e di vapore saturo; la regione indicata con V, che corrisponde al vapore non saturo; e la regione G, che corrisponde al gas.

Applicheremo ora la [14.10] al sistema liquido-vapore rappresentato dalla regione L, V del piano (V, p) di figura 13. In questa regione, la pressione e la densità del liquido dipendono solamente dalla temperatura. Siano v_1 e v_2 i volumi specifici (cioè i volumi per unità di massa, ovvero l'inverso delle densità) del liquido e del vapore rispettivamente, e siano u_1 e u_2 le loro energie specifiche (cioè le energie per unità di massa). Le quantità p, v_1, v_2, u_1 e u_2 sono tutte funzioni solamente della temperatura. Se m è la massa totale della sostanza, ed m_1 ed m_2 sono le masse del liquido e del vapore rispettivamente, allora

$$m = m_1 + m_2 \, .$$

Del pari, il volume totale e l'energia totale del sistema sono

$$V = m_1 v_1(T) + m_2 v_2(T)$$

$$U = m_1 u_1(T) + m_2 u_2(T) \, .$$

Consideriamo ora una trasformazione isotermica del nostro sistema, nella quale una quantità dm di sostanza passa dallo stato liquido allo stato di vapore e si ha una variazione dV del volume totale e dU dell'energia totale del sistema. Alla fine della trasformazione saranno presenti $(m_1 - \mathrm{d}m)$ grammi di liquido e $(m_2 + \mathrm{d}m)$ grammi di vapore, cosicché il volume totale sarà

$$V + \mathrm{d}V = (m_1 - \mathrm{d}m)v_1(T) + (m_2 + \mathrm{d}m)v_2(T) =$$
$$= V + \{v_2(T) - v_1(T)\}\,\mathrm{d}m \, ,$$

e quindi

$$\mathrm{d}V = \{v_2(T) - v_1(T)\}\,\mathrm{d}m \, . \qquad [15.1]$$

Del pari, l'energia totale varierà di

$$\mathrm{d}U = \{u_2(T) - u_1(T)\}\,\mathrm{d}m \, . \qquad [15.2]$$

Dal primo principio, equazione [4.2], abbiamo

$$\mathrm{d}Q = \mathrm{d}U + p\,\mathrm{d}V = \mathrm{d}m\{u_2 - u_1 + p(v_2 - v_1)\} \, ,$$

ossia

$$\frac{\mathrm{d}Q}{\mathrm{d}m} = u_2 - u_1 + p(v_2 - v_1) = \lambda \, . \qquad [15.3]$$

L'equazione [15.3] esprime la quantità di calore necessaria per far passare allo stato di vapore 1 g di liquido a temperatura costante; essa è chiamata *calore latente di vaporizzazione*, λ. Il valore di λ varia da liquido a liquido, e inoltre dipende dalla temperatura. Per l'acqua alla temperatura di ebollizione e a pressione ordinaria, $\lambda = 540$ cal/g. Poiché le espressioni [15.1] e [15.2] si riferiscono a trasformazioni isotermiche, il rapporto dU/dV ci dà

$$\left(\frac{\partial U}{\partial V}\right)_T = \frac{u_2(T) - u_1(T)}{v_2(T) - v_1(T)},$$

ossia, usando la [15.3],

$$\left(\frac{\partial U}{\partial V}\right)_T = \frac{\lambda}{v_2 - v_1} - p\,.$$

Se si confronta questa equazione con la [14.10] e si scrive dp/dT invece di $(\partial p/\partial T)_V$, il che è lecito poiché la pressione dipende solo dalla temperatura T per il nostro sistema, si ha

$$\frac{dp}{dT} = \frac{\lambda}{T(v_2 - v_1)}, \qquad [15.4]$$

che è l'*equazione di Clapeyron.*

Come esempio di applicazione dell'equazione di Clapeyron, calcoleremo il rapporto dp/dT per il vapor d'acqua alla temperatura di ebollizione e alla pressione ordinaria. In questo caso abbiamo:

$$\lambda = 540 \text{ cal/g} = 2260 \cdot 10^7 \text{ erg/g}\,,$$

$$v_2 = 1677 \text{ cm}^3/\text{g}\,, \quad v_1 = 1{,}043 \text{ cm}^3/\text{g}\,, \quad T = 373{,}1\ ^\circ\text{K}\,.$$

Sostituendo questi valori nella [15.4], si ottiene

$$\frac{dp}{dT} = 3{,}62 \cdot 10^4 \text{ dyn/cm}^2\ ^\circ\text{K} = 2{,}7 \text{ cm Hg}/^\circ\text{K}\,.$$

Un valore approssimato di dp/dT si può ottenere dall'equazione di Clapeyron nell'ipotesi che v_1 sia trascurabile rispetto a v_2 e calcolando v_2 supponendo valida per il vapore l'equazione di stato dei gas perfetti.

Per 1 g di vapore, dalla [2.1] otteniamo

$$pv_2 = \frac{R}{M}T\,, \tag{15.5}$$

dove M è il peso molecolare del vapore. L'equazione [15.4] diventa quindi

$$\frac{dp}{dT} = \frac{\lambda M}{RT^2}p\,, \tag{15.6}$$

ossia

$$\frac{d\log p}{dT} = \frac{\lambda M}{RT^2}\,. \tag{15.7}$$

Per il vapore d'acqua alla temperatura di ebollizione, questa formula dà $dp/dT = 3{,}56\cdot 10^4$; questo valore è in ottimo accordo con il valore $3{,}62\cdot 10^4$ che si ottiene dal calcolo esatto.

Se il calore di vaporizzazione λ si suppone costante in un intervallo di temperatura piuttosto esteso, la [15.7] può essere integrata, ottenendo cosí

$$\log p = -\frac{\lambda M}{RT} + \text{costante}\,,$$

ossia

$$p = \text{costante}\times e^{-\lambda M/(RT)}\,. \tag{15.8}$$

Questa formula fa vedere, grossolanamente, quale sia la dipendenza dalla temperatura della tensione di vapore.

L'equazione di Clapeyron è stata dedotta per il caso di un sistema liquido-vapore; ma essa può essere applicata a un qualsiasi cambiamento di stato di una sostanza. Come esempio, applicheremo l'equazione di Clapeyron alla fusione di un solido. Un solido sottoposto a una data pressione fonde a una ben definita temperatura, che varia con la pressione alla quale il solido è assoggettato. Quindi, per un sistema solido-liquido, la pressione alla quale lo stato solido e lo stato liquido possono coesistere in equilibrio è una funzione della temperatura. Faremo ora uso della [15.4] per calcolare la derivata di questa funzione. Le quantità λ, v_1 e v_2 rappresentano in questo caso, rispettivamente, il calore di fusione e i volumi specifici del solido e del liquido. Per esempio, nel caso della fusione del ghiaccio, si ha

$$\lambda = 80 \text{ cal/g} = 335 \cdot 10^7 \text{ erg/g},$$

$$v_1 = 1{,}0907 \text{ cm}^3/\text{g}, \quad v_2 = 1{,}00013 \text{ cm}^3/\text{g}, \quad T = 273{,}1 \text{ °K}.$$

Sostituendo questi valori nella [15.4], otteniamo

$$\frac{\mathrm{d}p}{\mathrm{d}T} = -1{,}35 \cdot 10^{8} \text{ dyn/cm}^2 \text{ °K} = -134 \text{ atm/°K};$$

il che vuol dire che un aumento di pressione di 134 atm abbassa il punto di fusione del ghiaccio di 1 grado.

Si osservi, in particolare, che il punto di fusione del ghiaccio diminuisce aumentando la pressione. Questo comportamento anomalo dell'acqua è dovuto al fatto che il ghiaccio è meno denso dell'acqua, mentre nella maggior parte dei casi il solido è piú denso del liquido.

Il fatto che il punto di fusione del ghiaccio è abbassato dalla pressione è di notevole importanza in geofisica, poiché devesi a questo fenomeno il movimento dei ghiacciai. Quando la massa di ghiaccio incontra una roccia nel letto del ghiacciaio, l'intensa pressione del ghiaccio contro la roccia abbassa il punto di fusione del ghiaccio in quel punto, provocandone la fusione; esso poi si ricongela appena si è sottratto alla pressione. In questo modo la massa di ghiaccio è in grado di muoversi lentamente attorno a degli ostacoli.

16. L'EQUAZIONE DI VAN DER WAALS

L'equazione caratteristica di un gas perfetto rappresenta abbastanza bene il comportamento dei gas reali per alte temperature e basse pressioni. Quando però la pressione e la temperatura sono tali che il gas è prossimo alla condensazione si osservano importanti deviazioni dalle leggi dei gas perfetti.

Tra le numerose equazioni di stato che sono state introdotte per rappresentare il comportamento dei gas reali, quella di van der Waals è particolarmente interessante, essendo molto semplice e allo stesso tempo in grado di descrivere il comportamento di molti gas in ampi intervalli di temperatura e pressione.

Van der Waals dedusse la sua equazione da considerazioni fondate sulla teoria cinetica, tenendo conto in prima approssimazione del volume delle molecole e delle forze di coesione esistenti fra esse. La sua equazione (scritta per 1 mole di gas) è la seguente:

$$(p + a/V^2)(V - b) = RT\,, \qquad [16.1]$$

dove a e b sono costanti caratteristiche per un dato gas. Per $a = b = 0$, la [16.1] si riduce all'equazione caratteri-

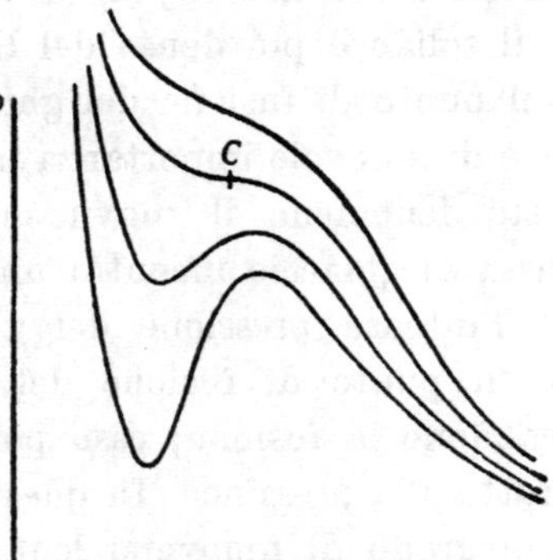

Fig. 14.

stica di un gas perfetto. Il termine b rappresenta l'effetto dovuto alle dimensioni finite delle molecole, e il termine a/V^2 l'effetto dovuto alle forze molecolari di coesione.

In figura 14 sono rappresentate alcune isoterme calcolate sulla base dell'equazione di van der Waals. Se le confrontiamo con quelle di figura 13, notiamo molte caratteristiche comuni. In entrambi i casi esiste un'isoterma che ha un punto di flesso *C* a tangente orizzontale. Questa è l'isoterma critica, e il punto *C* è il punto critico. Le isoterme al disopra della temperatura critica mostrano un comportamento simile per entrambe le figure. Invece le isoterme al disotto della temperatura critica mostrano delle differenze. Le isoterme di van der Waals sono curve continue, con un minimo e un massimo; mentre le isoterme di figura 13 hanno due punti angolosi e sono orizzontali nella regione in cui le isoterme di van der Waals assumono i loro massimi e minimi.

La ragione del comportamento qualitativamente diverso dei due insiemi di isoterme nella regione indicata con L, V in figura 13 sta nel fatto che i punti del tratto orizzontale delle isoterme di figura 13 non corrispondono a stati omogenei, poiché lungo questo tratto la sostanza si compone di due parti, una liquida e una gassosa. Se si comprime un vapore non saturo fino a raggiungere la pressione di saturazione, e poi si continua a ridurre il volume, in generale parte del vapore si condensa senza che vi sia un ulteriore incremento di pressione. Questo corrisponde alle isoterme di figura 13. Tuttavia, se la compressione è fatta molto delicatamente e nel vapore non vi sono particelle di pulviscolo, si può raggiungere una pressione molto piú alta di quella di condensazione prima che questa abbia inizio. Quando ci si trova in queste condizioni, si dice che il vapore è soprassaturo. Gli stati di vapore soprassaturo, però, sono instabili: la piú piccola perturbazione può produrre la condensazione, che fa passare il sistema in uno stato stabile caratterizzato dalla presenza di una parte liquida e di una gassosa.

Gli stati instabili sono importanti per la nostra discussione, poiché essi corrispondono all'esistenza di stati omogenei nella regione del vapore saturo. Supponiamo che questi stati instabili siano rappresentati dalla parte *BCDEF* dell'isoterma di van der Waals *ABCDEFG* (fig. 15), mentre il tratto orizzontale *BF* dell'isoterma discontinua *ABHDIFG* rappresenta gli stati stabili liquido-vapore. Se fosse possibile realizzare tutti gli stati instabili lungo l'isoterma di van der Waals, si potrebbe passare con un processo isotermico continuo dal vapore rappresentato dalla parte *FG* dell'isoterma al liquido rappresentato dalla parte *BA*.

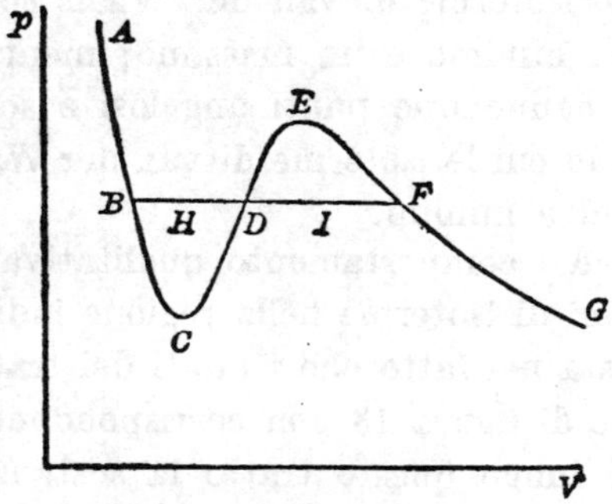

Fig. 15.

Data un'isoterma di van der Waals, ci si può chiedere quale è la pressione del vapore saturo quando la sua temperatura è quella dell'isoterma in considerazione, vale a dire, in senso geometrico, a quale altezza sopra l'asse delle V si deve tracciare il tratto orizzontale *BF* che corrisponde allo stato liquido-vapore. Dimostreremo che questa altezza deve essere tale che le aree *BCDH* e *DIFE* siano uguali.

Per dimostrare questo cominciamo col far vedere che il lavoro compiuto dal sistema durante un ciclo isotermico reversibile è sempre zero. Dalla [3.6] vediamo che il lavoro compiuto durante un ciclo è uguale al calore assorbito dal sistema. Ma per un ciclo reversibile vale la [11.6]; ed essendo nel nostro caso il ciclo isotermico, possiamo portare il fattore $1/T$ fuori dal segno di integrale. L'equazione [11.6] ci dice allora che il calore totale assorbito, e quindi il lavoro totale compiuto durante il ciclo, è zero.

Consideriamo ora (fig. 15) il ciclo isotermico reversibile *BCDEFIDHB*. Il lavoro compiuto durante questo ciclo, misurato dall'area da esso racchiusa, deve annullarsi. Ma *DEFID* è percorso in senso orario, la sua area è quindi positiva; mentre *BCDHB*, che è descritto in senso antiorario, ha un'area negativa. Essendo l'area totale del ciclo *BCDEFIDHB* zero, i valori assoluti delle aree dei due cicli *BCDHB* e *DEFID* debbono essere uguali; il che è quanto volevasi dimostrare.

Si potrebbe obiettare alla dimostrazione sopra data che, essendo l'area del ciclo isotermico *BCDHB* ovviamente non nulla, non è vero che il lavoro compiuto durante un ciclo isotermico reversibile è sempre zero. La risposta a questa obiezione sta nel fatto che il ciclo *BCDHB* non è reversibile.

Per rendersi conto di ciò, si osservi che il punto *D* sul diagramma rappresenta due stati diversi, secondo che lo si consideri come punto dell'isoterma di van der Waals *BCDEF* oppure come punto dell'isoterma liquido-vapore *BHDIF*. Benché al punto *D* corrispondano il medesimo volume e la medesima pressione, nel caso della isoterma di van der Waals, *D* rappresenta uno stato omogeneo instabile, mentre nel caso della isoterma liquido-vapore, *D* rappresenta uno stato non omogeneo stabile, composto in parte di liquido e in parte di vapore. Quando si compie il ciclo *BCDHB*, si passa dallo stato *D* sull'isoterma di van der Waals allo stato *D* sull'isoterma liquido-vapore. Poiché lo stato *D* liquido-vapore è piú stabile dello stato *D* di van der Waals, questo passaggio è irreversibile in quanto non potrebbe avvenire spontaneamente nella direzione opposta. Ne viene quindi che l'intero ciclo *BCDHB* è irreversibile, e quindi la sua area non deve necessariamente essere zero.

I valori critici T_c, V_c e p_c di una sostanza possono essere espressi mediante le costanti a e b che compaiono nell'equazione di van der Waals.

Dati p e T, l'equazione di van der Waals [16.1] è una equazione di terzo grado in V. In generale, quindi, vi sono tre radici distinte di V per dati valori di T e di p. Tuttavia, l'isoterma critica $T = T_c$ ha un punto di flesso a tangente orizzontale per $p = p_c$, $V = V_c$, cioè vi è un punto di contatto di terzo ordine in $V = V_c$ tra l'isoterma critica e la retta $p = p_c$, parallela all'asse delle V. Ne segue che l'equazione cubica che si ottiene per V ponendo $p = p_c$ e $T = T_c$ in [16.1] ha una radice tripla $V = V_c$. Questa equazione cubica può essere scritta nella seguente forma:

$$p_c V^3 - (p_c b + RT_c)V^2 + aV - ab = 0\,.$$

E poiché V_c è una radice tripla, il primo membro di questa equazione deve essere della forma $p_c(V - V_c)^3$. Cosicché, per confronto, ricaviamo

$$V_c^3 = \frac{ab}{p_c}, \qquad 3V_c^2 = \frac{a}{p_c}, \qquad 3V_c = \frac{p_c b + RT_c}{p_c}.$$

Risolvendo queste tre equazioni per V_c, p_c e T_c, si ottengono le espressioni

$$V_c = 3b\,, \qquad p_c = \frac{a}{27b^2}, \qquad T_c = \frac{8}{27}\frac{a}{Rb}, \qquad [16.2]$$

che esprimono i valori critici mediante le costanti a e b.

È importante osservare che, se si prendono come unità di volume, di pressione e di temperatura rispettivamente V_c, p_c, T_c, l'equazione di van der Waals assume la stessa forma per tutte le sostanze. Ponendo

$$\mathcal{P} = \frac{p}{p_c}, \qquad \mathcal{V} = \frac{V}{V_c}, \qquad \mathcal{T} = \frac{T}{T_c},$$

e usando la [16.2], otteniamo dalla [16.1]

$$\left(\mathcal{P} + \frac{3}{\mathcal{V}^2}\right)\left(\mathcal{V} - \frac{1}{3}\right) = \frac{8}{3}\mathcal{T}\,. \qquad [16.3]$$

Questa equazione contiene solo costanti numeriche, ed è quindi la stessa per tutte le sostanze. Gli stati delle varie sostanze che corrispondono agli stessi valori di $\mathcal{P}$, $\mathcal{V}$ e $\mathcal{T}$ si chiamano *stati corrispondenti*, e la [16.3] viene spesso chiamata "equazione di van der Waals per gli stati corrispondenti".

Nel § 14 si è mostrato che, se una sostanza ubbidisce all'equazione di stato $pV = RT$ di un gas perfetto, se ne può dedurre termodinamicamente che la sua energia dipende solamente dalla sua temperatura e non dal suo volume. Questo risultato è valido per il gas perfetto. Per i gas reali, U dipende anche dal volume.

Dalla [16.1] si deduce che

$$p = \frac{RT}{V-b} - \frac{a}{V^2}, \qquad [16.4]$$

che con la [14.10] dà

$$\left(\frac{\partial U}{\partial V}\right)_T = T\frac{\partial}{\partial T}\left\{\frac{RT}{V-b} - \frac{a}{V^2}\right\} - \frac{RT}{V-b} + \frac{a}{V^2} = \frac{a}{V^2}.$$

Se si integra questa equazione rispetto a V (mantenendo T costante), si ottiene

$$U = -\frac{a}{V} + f(T), \qquad [16.5]$$

poiché la costante di integrazione può dipendere da T. Il termine $-a/V$ della [16.5] rappresenta l'energia potenziale della forza di coesione delle molecole. Quanto alla $f(T)$, essa non può essere ulteriormente specificata servendosi di soli argomenti termodinamici; per questo si richiedono delle informazioni sui calori specifici. Supponiamo, per esempio, che il calore molecolare a volume costante, C_V, sia costante. Dalle formule [4.6] e [16.5] si ottiene allora

$$C_V = \left(\frac{\partial U}{\partial T}\right)_V = f'(T);$$

e integrando, si ha

$$f(T) = C_V T + w,$$

dove w è una costante. L'equazione [16.5] diventa ora

$$U = C_V T - \frac{a}{V} + w. \qquad [16.6]$$

Mediante questa espressione per l'energia si può calcolare facilmente l'espressione dell'entropia di 1 mole di gas di van der Waals. Dalle formule [12.6], [4.2], [16.4] e [16.6] si ottiene

$$\begin{aligned} dS &= \frac{dQ}{T} = \frac{1}{T}(dU + p\,dV) = \\ &= \frac{1}{T}\left(C_V dT + \frac{a}{V^2} dV\right) + \frac{1}{T}\left(\frac{RT}{V-b} - \frac{a}{V^2}\right) dV = \\ &= C_V \frac{dT}{T} + R\frac{dV}{V-b}; \end{aligned}$$

e quindi, integrando,

$$S = C_V \log T + R \log (V - b) + \text{costante}. \qquad [16.7]$$

Si osservi la somiglianza di questa formula con la [14.8], che è l'espressione dell'entropia di un gas perfetto.

Una trasformazione adiabatica è stata definita nel § 6 come una trasformazione reversibile durante la quale il sistema rimane termicamente isolato. Quindi, lungo una trasformazione adiabatica, $dQ = 0$, cosicché dalla [12.6] si ha $dS = dQ/T = 0$, ossia $S =$ costante. Ciò vuol dire che, se un sistema compie una trasformazione adiabatica, la sua entropia non varia. Per questa ragione si usa talvolta il nome di *isoentropiche* per indicare le trasformazioni adiabatiche.

L'equazione di una trasformazione adiabatica per un gas di van der Waals si ottiene immediatamente dalla [16.7] ponendo l'entropia uguale a una costante. Si ha pertanto

$$C_V \log T + R \log (V - b) = \text{costante},$$

vale a dire

$$T(V - b)^{R/C_V} = \text{costante}. \qquad [16.8]$$

Questa equazione per le adiabatiche di un gas di van der Waals è molto simile all'equazione [6.1] ottenuta per le adiabatiche di un gas perfetto.

PROBLEMI

1. Quale è la variazione di entropia di 1 000 g di acqua quando se ne innalzi la temperatura da quella corrispondente al punto di congelamento a quella corrispondente al punto di ebollizione? (Si supponga costante il calore specifico = 1 cal/g °C).

2. Un corpo ubbidisce all'equazione di stato

$$pV^{1,2} = 10^9 T^{1,1}.$$

Una misura della sua capacità termica dentro a un recipiente di volume costante uguale a 100 litri mostra che, sotto queste condizioni, la capacità termica è costante e uguale a 0,1 cal/°C. Esprimere l'energia e l'entropia del sistema in funzione di T e di V.

3. Il punto di ebollizione dell'alcool etilico (C_2H_6O) è 78,3 °C; il calore di vaporizzazione è 855 J/g. Trovare dp/dT alla temperatura di ebollizione.

Capitolo 5. I potenziali termodinamici

17. L'ENERGIA LIBERA

In un sistema puramente meccanico, il lavoro esterno L compiuto durante una trasformazione è uguale alla variazione di energia ΔU cambiata di segno, cioè

$$L = -\Delta U . \qquad [17.1]$$

Per i sistemi termodinamici non vi è una relazione cosí semplice tra il lavoro compiuto e la variazione di energia, perché l'energia può essere scambiata tra il sistema e i corpi che lo circondano sotto forma di calore. Si ha invece l'equazione che traduce il primo principio della termodinamica [3.5], che può scriversi nella forma

$$L = -\Delta U + Q . \qquad [17.2]$$

Molte trasformazioni di sistemi termodinamici si effettuano mentre il sistema si trova in contatto termico con i corpi che lo circondano, cosicché avvengono scambi di calore. In questo caso L può essere piú grande o piú piccolo di $-\Delta U$, secondo che il sistema assorba o ceda calore.

Supponiamo ora che il nostro sistema s sia in contatto termico con l'ambiente che si trova uniformemente alla temperatura T, e consideriamo una trasformazione da uno stato iniziale A a uno stato finale B. Applicando a questa trasformazione la disuguaglianza [13.1] otteniamo

$$\int_A^B \frac{dQ}{T} \leq S(B) - S(A).$$

Siccome il sistema riceve calore solamente da una sorgente a temperatura costante, possiamo portare fuori del segno di integrale il fattore $1/T$; troviamo allora

$$Q = \int_A^B dQ \leq T\{S(B) - S(A)\}. \qquad [17.3]$$

Otteniamo cosí un limite superiore per la quantità di calore che il sistema può ricevere dai corpi che lo circondano. Se la trasformazione da A a B è reversibile, nella [13.1] vale il segno di uguaglianza, e quindi anche nella [17.3]. In questo caso la [17.3] dà esattamente la quantità di calore ricevuta dal sistema durante la trasformazione.

Se poniamo $\Delta U = U(B) - U(A)$, dalle formule [17.2] e [17.3] otteniamo

$$L \leq U(A) - U(B) + T\{S(B) - S(A)\}. \qquad [17.4]$$

Questa disuguaglianza pone un limite superiore alla quantità di lavoro che può essere ottenuta durante la trasformazione da A a B. Se la trasformazione è reversibile, vale il segno di uguaglianza, e il lavoro compiuto è uguale al limite superiore.

Supponiamo ora che le temperature degli stati iniziali e finali A e B siano le stesse e siano uguali alla temperatura T dell'ambiente. Definiamo una funzione F del sistema nel modo seguente:

$$F = U - TS. \qquad [17.5]$$

Introducendo questa funzione F, che è chiamata *energia*

libera del sistema, la [17.4] diviene

$$L \leqq F(A) - F(B) = -\Delta F\,, \qquad [17.6]$$

dove vale il segno di uguaglianza se la trasformazione è reversibile.

Il contenuto della [17.6] può essere espresso a parole nel modo seguente:

"Se un sistema compie una trasformazione reversibile da uno stato iniziale A a uno stato finale B — entrambi alla temperatura dell'ambiente — scambiando calore solo con l'ambiente, il lavoro che esso compie durante la trasformazione è uguale alla diminuzione della sua energia libera. Se la trasformazione è irreversibile, la diminuzione di energia libera è solamente un limite superiore per il lavoro compiuto dal sistema." [1]

Confrontando la [17.6] con la [17.1], che è valida solamente per sistemi puramente meccanici, vediamo che, per i sistemi termodinamici che possono scambiare calore con i corpi che li circondano, l'energia libera assolve un compito analogo a quello dell'energia per i sistemi meccanici. La differenza principale sta nel fatto che nella [17.1] vale sempre il segno di uguaglianza, mentre nella [17.6] il segno di uguaglianza vale solo per le trasformazioni reversibili.

Consideriamo ora un sistema dinamicamente (non termicamente) isolato, un sistema cioè che non possa scambiare energia sotto forma di lavoro con i corpi che lo circondano. In tali condizioni, il sistema può compiere soltanto trasformazioni isocore.

Se in ogni istante la pressione è la stessa per tutte le

[1] Molto spesso questa proposizione viene enunciata nel modo seguente:

"Quando un sistema compie una trasformazione isotermica, il lavoro L da esso compiuto non può mai superare la variazione ΔF della sua energia libera cambiata di segno, ed è uguale a $-\Delta F$ se la trasformazione è reversibile."

La nostra formulazione è più generale, in quanto essa è valida non solo per trasformazioni isotermiche, ma anche per trasformazioni durante le quali il sistema assume temperature diverse dalla temperatura T dell'ambiente negli stati intermedi, purché gli scambi di calore avvengano solamente con l'ambiente che si trova uniformemente alla temperatura T.

parti del sistema e questo può compiere lavoro solamente per mezzo delle forze dovute alla pressione sulle pareti, allora il sistema è dinamicamente isolato quando è posto in un recipiente a volume costante. In altri casi, l'isolamento dinamico può richiedere degli accorgimenti piú complicati.

Facciamo l'ipotesi che il nostro sistema, pur essendo dinamicamente isolato, sia in contatto termico con l'ambiente e che la sua temperatura sia uguale alla temperatura T dell'ambiente. Per una qualunque trasformazione del sistema, abbiamo $L = 0$; otteniamo allora dalla [17.6]

$$0 \leqq F(A) - F(B),$$

ossia

$$F(B) \leqq F(A). \tag{17.7}$$

Ciò vuol dire che, se un sistema è in contatto termico alla temperatura T con i corpi che lo circondano, e se è dinamicamente isolato in modo da non poter compiere o assorbire lavoro esterno, la sua energia libera non può aumentare durante una trasformazione. Di conseguenza, *se l'energia libera è minima, il sistema è in uno stato di equilibrio stabile*; infatti, se cosí non fosse, ogni trasformazione dovrebbe produrre un aumento di energia libera, il che sarebbe in contraddizione con la [17.7].

Nel caso dei sistemi meccanici si ha equilibrio stabile quando è minima l'energia potenziale. Siccome la condizione per l'equilibrio stabile di un sistema termodinamico posto in un recipiente rigido alla temperatura dell'ambiente è che la sua energia libera sia minima, tale energia viene spesso chiamata *potenziale termodinamico a volume costante*. Si osservi tuttavia che, a rigore, la condizione per la validità della [17.7] non è solo che il volume del recipiente sia costante, ma anche che non vi sia scambio di lavoro esterno tra il sistema e l'ambiente. Se però il sistema si trova a pressione uniforme, le due condizioni si equivalgono.

Consideriamo ora una trasformazione isotermica I di un sistema alla temperatura T da uno stato A a uno stato B, e un'altra trasformazione II, pure isotermica, tra due stati A' e B' alla temperatura $T+\mathrm{d}T$. Ad A' si perviene da A mediante una trasformazione infinitesima durante la quale si innalza la temperatura di $\mathrm{d}T$ senza compiere lavoro esterno. Se il sistema si trova a una pressione uniforme, questo può realizzarsi mediante una trasformazione nella quale A e A' si trovano a volumi uguali. Analogamente, lungo la trasformazione infinitesimale da B a B', non si deve compiere lavoro.

Siano L ed $L+\mathrm{d}L$ le quantità massime di lavoro che si possono ottenere dalle trasformazioni I e II. Abbiamo allora

$$L = F(A) - F(B) \,, \qquad [17.8]$$

$$L + \mathrm{d}L = F(A') - F(B') \,,$$

e quindi

$$\frac{\mathrm{d}L}{\mathrm{d}T} = \frac{\mathrm{d}F(A)}{\mathrm{d}T} - \frac{\mathrm{d}F(B)}{\mathrm{d}T} \,, \qquad [17.9]$$

dove con $\mathrm{d}F(A)$ e $\mathrm{d}F(B)$ si sono indicate rispettivamente le differenze $F(A') - F(A)$ e $F(B') - F(B)$. D'altra parte,

$$F(A) = U(A) - TS(A) \,,$$

sicché, differenziando entrambi i membri, si ha

$$\mathrm{d}F(A) = \mathrm{d}U(A) - T\,\mathrm{d}S(A) - (\mathrm{d}T)S(A) \,. \qquad [17.10]$$

Poiché nella trasformazione da A ad A' non si compie lavoro, la quantità di calore ricevuta dal sistema durante questa trasformazione infinitesimale è data, secondo la [3.5], da

$$\mathrm{d}Q_A = \mathrm{d}U(A) \,;$$

dalla [12.6] si ha poi

$$\mathrm{d}S(A) = \frac{\mathrm{d}Q_A}{T} = \frac{\mathrm{d}U(A)}{T} \,.$$

Dall'equazione [17.10] otteniamo allora

$$\frac{\mathrm{d}F(A)}{\mathrm{d}T} = -S(A) = \frac{F(A)}{T} - \frac{U(A)}{T}.$$

Analogamente,

$$\frac{\mathrm{d}F(B)}{\mathrm{d}T} = -S(B) = \frac{F(B)}{T} - \frac{U(B)}{T}.$$

Dalle [17.8] e [17.9] otteniamo quindi

$$L - T\frac{\mathrm{d}L}{\mathrm{d}T} = -\Delta U, \qquad [17.11]$$

dove $\Delta U = U(B) - U(A)$ è la variazione di energia relativa alla trasformazione da A a B. L'equazione [17.11] è detta *isocora di van't Hoff*, essa ha molte utili applicazioni.

Deriveremo ora, per un sistema i cui stati si possono rappresentare su un diagramma (V, p) un'espressione della pressione, di cui si fa spesso uso. Consideriamo una trasformazione infinitesimale isotermica durante la quale il sistema subisce una variazione di volume $\mathrm{d}V$. A questa trasformazione può essere applicata l'equazione [17.6] con il segno di uguaglianza, perché la trasformazione è reversibile. Essendo:

$$L = p\,\mathrm{d}V \quad \text{e} \quad \Delta F = \left(\frac{\partial F}{\partial V}\right)_T \mathrm{d}V,$$

dalla [17.6] otteniamo

$$p\,\mathrm{d}V = -\left(\frac{\partial F}{\partial V}\right)_T \mathrm{d}V,$$

ossia

$$\left(\frac{\partial F}{\partial V}\right)_T = -p. \qquad [17.12]$$

Concludiamo questo paragrafo dando l'espressione dell'energia libera di 1 mole di gas perfetto. Essa si ottiene immediatamente dalle equazioni [17.5], [5.3] e [14.8]:

$$F = C_V T + W - T(C_V \log T + R \log V + a). \qquad [17.13]$$

Se usiamo la [14.9] invece della [14.8], otteniamo la formula equivalente

$$F = C_v T + W - T(C_p \log T - R \log p + a + R \log R) . \quad [17.14]$$

18. IL POTENZIALE TERMODINAMICO A PRESSIONE COSTANTE

In molte trasformazioni termodinamiche la pressione e la temperatura del sistema non variano, ma rimangono uguali rispettivamente alla pressione e alla temperatura dell'ambiente. In queste condizioni è possibile definire una funzione Φ dello stato del sistema che ha la seguente proprietà: se, per un dato insieme di valori della pressione e della temperatura, la funzione Φ assume un valore minimo, allora il sistema si trova in equilibrio a quella pressione e temperatura.

Consideriamo una trasformazione isotermica e isobarica alla temperatura costante T e alla pressione costante p che fa passare il nostro sistema dallo stato A allo stato B. Se $V(A)$ e $V(B)$ sono i volumi iniziale e finale occupati dal sistema, il lavoro compiuto durante la trasformazione è dato da

$$L = p[V(B) - V(A)] .$$

Poiché la trasformazione è isotermica, possiamo applicare ad essa l'equazione [17.6]; cosí facendo, otteniamo

$$pV(B) - pV(A) \leqq F(A) - F(B) .$$

Definiamo ora una nuova funzione Φ dello stato del sistema nel modo seguente:

$$\Phi = F + pV = U - TS + pV . \quad [18.1]$$

La precedente disuguaglianza in termini di Φ diviene ora

$$\Phi(B) \leqq \Phi(A) . \quad [18.2]$$

La funzione Φ è detta *potenziale termodinamico a pressione costante.* Dalla [18.2] segue che, in una trasformazione isobarica isotermica di un sistema, il potenziale termodinamico a pressione costante non può mai aumentare.

Possiamo quindi concludere che, se si mantengono costanti la pressione e la temperatura di un sistema, *lo stato per cui il potenziale termodinamico Φ è minimo è uno stato di equilibrio stabile.* Infatti, se Φ è minimo, ogni modificazione spontanea che si producesse nel sistema dovrebbe aumentare Φ, il che sarebbe in contraddizione con la [18.2].

Per i sistemi i cui stati si possono rappresentare su un diagramma (V, p) sono spesso utili le seguenti proprietà di Φ.

Scegliendo T e p come variabili indipendenti e differenziando la [18.1] rispetto a p, troviamo

$$\left(\frac{\partial \Phi}{\partial p}\right)_T = \left(\frac{\partial U}{\partial p}\right)_T - T\left(\frac{\partial S}{\partial p}\right)_T + p\left(\frac{\partial V}{\partial p}\right)_T + V.$$

D'altra parte, dalla definizione di entropia e dal primo principio si ha, per una trasformazione reversibile,

$$\mathrm{d}Q = T\,\mathrm{d}S = \mathrm{d}U + p\,\mathrm{d}V,$$

ovvero, nel caso che ci interessa, per una variazione isotermica di pressione:

$$T\left(\frac{\partial S}{\partial p}\right)_T = \left(\frac{\partial U}{\partial p}\right)_T + p\left(\frac{\partial V}{\partial p}\right)_T.$$

Troviamo quindi

$$\left(\frac{\partial \Phi}{\partial p}\right)_T = V. \qquad [18.3]$$

Analogamente, differenziando la [18.1] rispetto a T, si può dimostrare che

$$\left(\frac{\partial \Phi}{\partial T}\right)_p = -S. \qquad [18.4]$$

Per illustrare l'utilità del potenziale Φ, lo useremo per dedurre l'equazione di Clapeyron, che abbiamo già dedotta per altra via nel § 15.

Consideriamo un sistema composto da un liquido e dal suo vapore saturo, posti in un cilindro e tenuti a pressione e temperatura costanti. Se U_1 e U_2, S_1 ed S_2, V_1 e V_2 sono rispettivamente le energie, le entropie e i volumi del liquido e del vapore, e U, S e V sono le corrispondenti quantità per il sistema complessivo, allora

$$U = U_1 + U_2\,,$$

$$S = S_1 + S_2\,,$$

$$V = V_1 + V_2\,,$$

cosicché dalla [18.1] otteniamo

$$\Phi = \Phi_1 + \Phi_2\,,$$

dove Φ_1 e Φ_2 sono rispettivamente i potenziali del liquido e del vapore.

Siano m_1 ed m_2 le masse del liquido e del vapore, e siano u_1, s_1, v_1 e φ_1 e u_2, s_2, v_2 e φ_2 le energie, le entropie, i volumi e i potenziali termodinamici specifici del liquido e del vapore. Abbiamo allora

$$\Phi_1 = m_1\varphi_1\,,$$

$$\Phi_2 = m_2\varphi_2\,.$$

Dalle proprietà generali dei vapori saturi sappiamo che tutte le quantità specifiche u_1 e u_2, s_1 ed s_2, v_1 e v_2, e la pressione p, sono funzioni solamente della temperatura. Quindi φ_1 e φ_2 sono funzioni solamente di T, e possiamo scrivere

$$\Phi = m_1\varphi_1(T) + m_2\varphi_2(T)\,.$$

Partendo da uno stato in cui il sistema si trova in equilibrio, compiamo una trasformazione isotermica, mantenendo costante la pressione in modo che solamente m_1 ed m_2 possano variare. Sia dm_1 l'incremento di m_1 in questa trasformazione. Allora, essendo $m_1 + m_2 = m =$ costante, m_2 diminuirà di dm_1. Il potenziale termodinamico sarà dato ora dalla seguente espressione:

$$(m_1 + \mathrm{d}m_1)\varphi_1 + (m_2 - \mathrm{d}m_1)\varphi_2 = \Phi + \mathrm{d}m_1(\varphi_1 - \varphi_2)\,.$$

Poiché inizialmente il sistema si trovava in uno stato di equilibrio, Φ doveva avere inizialmente un valore minimo. Da questa e dall'equazione precedente segue che

$$\varphi_1 = \varphi_2\,,$$

ossia

$$(u_2 - u_1) - T(s_2 - s_1) + p(v_2 - v_1) = 0\,.$$

Differenziando rispetto a T, troviamo

$$\frac{\mathrm{d}}{\mathrm{d}T}(u_2 - u_1) - T\frac{\mathrm{d}}{\mathrm{d}T}(s_2 - s_1) - (s_2 - s_1) + \\ + \frac{\mathrm{d}p}{\mathrm{d}T}(v_2 - v_1) + p\frac{\mathrm{d}}{\mathrm{d}T}(v_2 - v_1) = 0\,.$$

Ma

$$T\frac{\mathrm{d}s}{\mathrm{d}T} = \frac{\mathrm{d}u}{\mathrm{d}T} + p\frac{\mathrm{d}v}{\mathrm{d}T}\,;$$

quindi l'equazione precedente si riduce a

$$-(s_2 - s_1) + \frac{\mathrm{d}p}{\mathrm{d}T}(v_2 - v_1) = 0\,.$$

Ora, $(s_2 - s_1)$ è la variazione di entropia conseguente alla vaporizzazione di 1 g di liquido a temperatura costante, quindi è uguale a λ/T, dove λ è il calore di vaporizzazione della sostanza in esame. Otteniamo cosí l'equazione di Clapeyron:

$$\frac{\mathrm{d}p}{\mathrm{d}T} = \frac{\lambda}{T(v_2 - v_1)}\,.$$

Daremo ora l'espressione del potenziale termodinamico a pressione costante per 1 mole di gas perfetto. Dalle formule [18.1] e [17.14], dall'equazione di stato $pV = RT$ e dall'espressione [5.7] otteniamo

$$\Phi = C_v T + W - T(C_p \log T - R \log p + a + R \log R)\,. \qquad [18.5]$$

19. LA REGOLA DELLE FASI

Si dice che un sistema è composto di una sola fase quando esso è costituito da un'unica sostanza omogenea. Se un sistema è costituito da diverse parti, ciascuna delle quali è di per sé omogenea, si dice che esso è composto di tante fasi quante sono le parti omogenee che lo costituiscono.

Come esempio di un sistema composto di una sola fase, si può considerare un liquido omogeneo (non necessariamente una sostanza chimicamente pura, anche una soluzione), un solido omogeneo, o un gas.

I seguenti sistemi sono esempi di sistemi a due fasi: un sistema composto di acqua e vapore d'acqua; una soluzione satura di sale in acqua in presenza di sale solido; un sistema composto di due liquidi non miscelabili; e cosí via. Nel primo esempio, le due fasi sono: una fase liquida composta di acqua e una fase gassosa composta di vapore d'acqua. Nel secondo esempio, le due fasi sono: la soluzione di sale in acqua e il sale solido. Nel terzo esempio, le due fasi sono i due liquidi.

Tutte le proprietà specifiche di una fase (cioè tutte le proprietà delle sostanze di cui la fase è costituita riferite all'unità di massa: per esempio, la densità, il calore specifico, ecc.) dipendono solamente dalla temperatura T, dalla pressione p e dalla composizione chimica della fase.

Per definire la composizione chimica della fase bisogna dare le percentuali di ciascuna sostanza chimicamente definita in essa presenti.

A rigore si potrebbe dire che, se si conoscessero le percentuali di ciascun elemento chimico presente (tenendo conto della quantità totale di elemento, sia libero che legato in composti ad altri elementi), le percentuali dei diversi composti che si possono formare con quei dati elementi sarebbero determinate dalla temperatura T e dalla pressione p della fase. È infatti ben noto dalle leggi della chimica che, per assegnate temperature, pressione e concentrazioni dei vari elementi presenti, si raggiunge sempre l'equilibrio chimico nella fase. Si può quindi dire che una fase è una miscela omogenea di tutti i possibili composti che si possono formare dagli elementi chimici in essa presenti, e che la percentuale di ciascun composto è completamente determinata da T, p e dalle concentrazioni relative di tutti gli elementi presenti.

Consideriamo, per esempio, una fase gassosa composta di definite concentrazioni di idrogeno e di ossigeno a una data temperatura e pressione. La maggior parte delle molecole formate dall'idrogeno e dall'ossigeno sono H_2, O_2 e H_2O (trascuriamo, per semplicità, le molecole piú rare H, O, O_3 e H_2O_2). Il numero di molecole d'acqua che si formano nella nostra miscela gassosa a una data temperatura e pressione è univocamente determinato solamente dalle concentrazioni dell'idrogeno e dell'ossigeno; anche la composizione della miscela gassosa risulta quindi determinata. A rigore se ne potrebbe concludere che i componenti indipendenti di una fase sono gli elementi chimici in essa presenti (dovendosi calcolare come indipendente ciascun elemento chimico, indipendentemente dal fatto che esso sia presente in forma elementare o in combinazione con altri elementi). Tuttavia è noto dalla chimica che, sotto certe condizioni, molti equilibri chimici si raggiungono solamente dopo un tempo straordinariamente grande rispetto alle ordinarie durate. Cosí, se si ha una miscela di H_2 e O_2 a temperatura e pressione normali, l'equilibrio chimico si raggiunge quando grandi quantità di idrogeno e di ossigeno si sono combinati per formare vapor d'acqua. Ma la reazione

$$2H_2 + O_2 = 2H_2O$$

avviene cosí lentamente, in condizioni normali, che praticamente non si ha combinazione di idrogeno e di ossigeno in un intervallo di tempo relativamente breve. Naturalmente la reazione avverrebbe molto piú rapidamente se la temperatura fosse abbastanza elevata oppure se fosse presente un conveniente catalizzatore.

Dalle considerazioni testé fatte vediamo quindi che, in tutti i casi in cui si ha un composto chimico che si forma o si dissocia molto lentamente, si può considerare il composto stesso (e non gli elementi che lo costituiscono) come un componente praticamente indipendente della fase. Se, per esempio, nella fase abbiamo idrogeno, ossigeno e vapore d'acqua a una temperatura cosí bassa che praticamente non si ha formazione né dissociazione di acqua, noi diremo che la fase contiene tre componenti indipendenti: O_2, H_2 e H_2O (e non solamente due: idrogeno e ossigeno); la composizione chimica della fase è allora determinata dalle masse di O_2, H_2 e H_2O per unità di massa della fase.

È chiaro dalle considerazioni sopra fatte che il numero dei componenti indipendenti può essere piú grande o piú piccolo del numero totale di elementi chimici presenti. Nell'esempio precedente avevamo tre componenti indipendenti (H_2, O_2 e H_2O) invece di due solamente (H e O). D'altra parte, se vi fosse solamente del vapor d'acqua, potremmo trascurare la sua dissociazione in idrogeno e ossigeno e considerare la fase come costituita da un solo componente, l'acqua, e non da due.

Consideriamo ora un sistema composto di f fasi e di n componenti indipendenti. Sia m_{ik} la massa del k-esimo componente presente nella i-esima fase. La distribuzione dei componenti nelle varie fasi si può allora rappresentare convenientemente mediante la seguente tabella

$$\begin{matrix} m_{11}, & m_{21}, & \ldots, & m_{f1} \\ m_{12}, & m_{22}, & \ldots, & m_{f2} \\ \cdot & \cdot & \cdot & \cdot \\ m_{1n}, & m_{2n}, & \ldots, & m_{fn}. \end{matrix} \qquad [19.1]$$

La condizione di equilibrio per il nostro sistema a una data temperatura e pressione è che sia minimo il potenziale termodinamico. Questa condizione dà luogo a un insieme di relazioni tra le quantità [19.1].

Supponiamo trascurabile l'energia di superficie del nostro sistema; potremo allora scrivere Φ come somma dei potenziali termodinamici di tutte le fasi:

$$\Phi = \Phi_1 + \Phi_2 + \dots + \Phi_f \,. \qquad [19.2]$$

La funzione Φ_i dipende da T, p e dalle masse $m_{i1}, \dots, m_{in}$ dei vari componenti nella i-esima fase:

$$\Phi_i = \Phi_i(t, p, m_{i1}, \dots, m_{in}) \,. \qquad [19.3]$$

La forma di questa funzione dipende in generale dalle particolari proprietà della i-esima fase. Osserviamo tuttavia che Φ_i, considerata come funzione delle n variabili m_{i1}, $m_{i2}, \dots, m_{in}$, è omogenea di primo grado. Infatti, se aumentiamo $m_{i1}, \dots, m_{in}$, moltiplicandole per uno stesso fattore K, non alteriamo la composizione della fase (infatti essa dipende solo dai rapporti delle m), ma ne aumentiamo semplicemente di K volte la massa totale. Quindi Φ_i viene a essere moltiplicato per lo stesso fattore K. Come si è detto, per l'equilibrio a una data temperatura e pressione, Φ deve essere minimo. Questo significa, analiticamente, che, se facciamo subire al sistema una trasformazione infinitesima a pressione e temperatura costante, la conseguente variazione di Φ deve essere zero. Consideriamo una trasformazione in cui una quantità δm (da considerarsi come infinitesima del primo ordine) del k-esimo componente passi dalla fase i-esima alla fase j-esima, rimanendo invariati tutti gli altri componenti e tutte le altre fasi. Allora, m_{ik} diventa $m_{ik} - \delta m$ e m_{jk} diventa $m_{jk} + \delta m$. Nella variazione di Φ cambieranno solamente Φ_i e Φ_j. Quindi, come condizione di minimo, otteniamo

$$\delta\Phi = \delta\Phi_i + \delta\Phi_j = \frac{\partial\Phi_j}{\partial m_{jk}}\,\delta m - \frac{\partial\Phi_i}{\partial m_{ik}}\,\delta m = 0 \,,$$

$$\frac{\partial\Phi_i}{\partial m_{ik}} = \frac{\partial\Phi_j}{\partial m_{jk}} \,. \qquad [19.4]$$

Poiché un'analoga equazione deve valere per ogni coppia di fasi e per ogni componente, otteniamo in tutto $n(f-1)$ equazioni di equilibrio:

$$\begin{gathered}
\frac{\partial \Phi_1}{\partial m_{11}} = \frac{\partial \Phi_2}{\partial m_{21}} = \dots = \frac{\partial \Phi_f}{\partial m_{f1}} \\
\frac{\partial \Phi_1}{\partial m_{12}} = \frac{\partial \Phi_2}{\partial m_{22}} = \dots = \frac{\partial \Phi_f}{\partial m_{f2}} \\
\dots\dots\dots\dots \\
\frac{\partial \Phi_1}{\partial m_{1n}} = \frac{\partial \Phi_2}{\partial m_{2n}} = \dots = \frac{\partial \Phi_f}{\partial m_{fn}} .
\end{gathered} \qquad [19.5]$$

Osserviamo che queste equazioni dipendono solamente dalla composizione chimica di ciascuna fase e non dalla quantità totale di sostanza presente nella fase. Infatti, essendo la [19.3] una funzione omogenea di primo grado nelle m, la sua derivata rispetto a ciascuna delle m è omogenea di grado zero, cioè le sue derivate dipendono solamente dai rapporti di $m_{i1}, m_{i2}, \dots, m_{in}$. Dalla tabella [19.1] vediamo che di tali rapporti ve ne sono $(n-1)f$ (gli $n-1$ rapporti delle n variabili di una colonna della [19.1] determinano la composizione di una fase). Accanto a queste $(n-1)f$ variabili, nelle [19.5] abbiamo le variabili T e p. In complesso, quindi, le variabili sono $2+(n-1)f$.

La differenza v tra questo numero e il numero $n(f-1)$ di equazioni [19.5] dà il numero di variabili che possono essere scelte arbitrariamente, le altre saranno determinate dalle equazioni [19.5]. Chiameremo perciò v *grado di variabilità* o *numero di gradi di libertà* del sistema. Esso vale

$$v = (n-1)f + 2 - (f-1)n ,$$

ossia

$$v = 2 + n - f . \qquad [19.6]$$

Questa equazione, dovuta a Gibbs, esprime la *regola delle fasi*. Essa dice che un sistema composto di f fasi ed n componenti indipendenti ha un grado di variabilità $v=2+n-f$.

Per "grado di variabilità" si intende il numero di variabili che si possono scegliere arbitrariamente (le variabili per noi sono T, p e i parametri che caratterizzano le composizioni di tutte le fasi).

Per evitare confusioni, conviene sottolineare il fatto che si deve considerare la composizione e non la quantità totale di ciascuna fase, poiché l'equilibrio termodinamico tra due fasi dipende solamente dalle composizioni e non dalle quantità totali delle due fasi presenti, come è mostrato dalla [19.4]. Pochi esempi basteranno per chiarire l'uso della regola delle fasi.

Esempio 1. Sistema composto di un fluido omogeneo chimicamente definito. Abbiamo una sola fase ($f=1$) e un componente ($n=1$). Dalla [19.6] otteniamo allora $v=2$. Quindi, se vogliamo, possiamo fissare le due variabili T e p ad arbitrio; allora, però, non è piú possibile cambiare la composizione, poiché la nostra sostanza è un composto chimicamente definito. (Si osservi che, come si è detto, la quantità totale di sostanza non è stata contata come grado di libertà.)

Esempio 2. Sistema omogeneo composto di due gas chimicamente definiti. In questo caso abbiamo una fase ($f=1$) e due componenti indipendenti ($n=2$). Dalla [19.6] otteniamo $v=3$. E infatti possiamo scegliere liberamente T, p e il rapporto dei due componenti che determina la composizione della miscela.

Esempio 3. Acqua in equilibrio con il suo vapore saturo. Qui abbiamo due fasi — il liquido e il vapore — e un solo componente; quindi si deve avere $v=1$. Solo la temperatura può essere scelta ad arbitrio, la pressione sarà allora eguale alla pressione del vapore saturo a quella temperatura. Poiché vi è un solo componente, non si ha ovviamente possibilità di scelta per la composizione delle due fasi. Si osservi inoltre, in questo esempio, che per una assegnata temperatura si può avere equilibrio tra quantità arbitrarie di acqua e di vapor d'acqua purché la pressione sia uguale a quella di saturazione. Tuttavia, le quantità di acqua e di vapor d'acqua non si sono contate come gradi di libertà.

ESEMPIO 4. Sistema costituito da un composto chimico in tre fasi diverse: solido, liquido e vapore, come, per esempio, acqua, ghiaccio e vapor d'acqua. Qui abbiamo un componente e tre fasi, cioè: $n=1$, $f=3$. Dalla [19.6] otteniamo $v=0$. Questo significa che non vi è alcuna libertà di scelta per le variabili: le tre fasi possono coesistere in equilibrio solamente a una certa fissata temperatura e a una certa fissata pressione.

Questo fatto può essere illustrato mediante il diagramma di figura 16, in cui le temperature e le pressioni sono riportate rispettivamente sull'asse delle ascisse e delle ordinate.

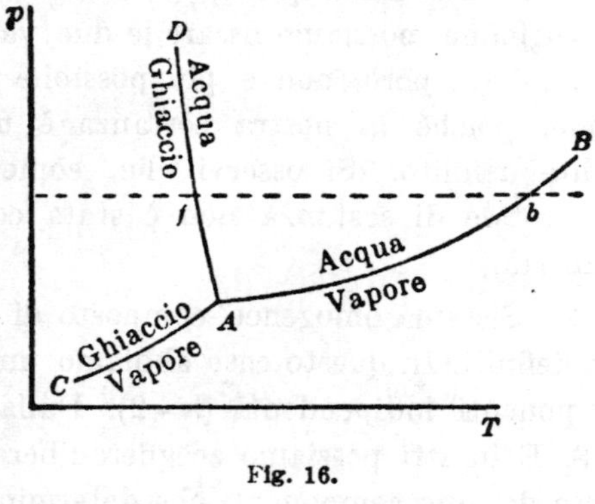

Fig. 16.

La curva AB rappresenta la pressione del vapor d'acqua saturo in funzione della temperatura. Quando i valori di T e di p corrispondono a un punto su questa curva, l'acqua e il vapore possono coesistere in equilibrio. Se, mantenendo costante la temperatura, aumentiamo la pressione, non si può più avere equilibrio tra l'acqua e il vapore, e tutta la sostanza si condensa nella fase liquida. Se invece si diminuisce la pressione, tutta la sostanza evapora. Quindi, per punti al disopra della curva AB abbiamo acqua, e per punti al disotto vapore, come è indicato in figura.

La curva AC è l'analogo della AB; ma essa corrisponde alla pressione del vapore saturo in presenza di ghiaccio e non di acqua. Sopra la curva AC è stabile il ghiaccio, e sotto di essa il vapore.

Poiché l'acqua e il vapore possono coesistere in equilibrio lungo AB, e il ghiaccio e il vapore lungo AC, ne segue che il punto cui corrispondono i valori di T e di p per i quali ghiaccio, acqua e vapore possono coesistere in equilibrio sta su entrambe le curve, vale a dire coincide con il loro punto d'intersezione A. Vediamo cosí che le tre fasi possono coesistere in equilibrio solamente per un valore definito della pressione e della temperatura.

Il punto A è detto *punto triplo*, perché esso è punto d'intersezione non solamente della curva acqua-vapore e della curva ghiaccio-vapore, ma anche della curva ghiaccio-acqua AD. Queste tre curve dividono il piano T, p in tre regioni che rappresentano gli intervalli di stabilità del vapore, del ghiaccio e dell'acqua; il punto triplo sta sulla "frontiera" di queste tre regioni.

Per l'acqua il punto triplo si ha alla temperatura $T = 0{,}0075$ °C e alla pressione $p = 0{,}00602$ atm. Essendo la pressione che corrisponde al punto triplo inferiore alla pressione atmosferica, la linea orizzontale $p = 1$ atm (linea tratteggiata nel diagramma) interseca le tre regioni ghiaccio, liquido e vapore. L'intersezione della linea tratteggiata con la curva AD corrisponde alla temperatura di congelamento f dell'acqua alla pressione atmosferica (0 °C). L'intersezione b con la curva AF corrisponde alla temperatura di ebollizione dell'acqua alla pressione atmosferica (100 °C).

Per alcune sostanze la pressione corrispondente al punto triplo è piú alta di 1 atm. Per queste sostanze la linea tratteggiata orizzontale corrispondente alla pressione atmosferica sta al disotto del punto triplo e passa quindi direttamente dalla regione che corrisponde al solido alla regione che corrisponde al vapore senza intersecare quella che corrisponde al liquido. Alla pressione atmosferica, queste sostanze non liquefanno ma vaporizzano direttamente dalla fase solida (sublimazione): esse possono esistere nella fase liquida solamente a pressioni sufficientemente alte.

20. TERMODINAMICA DELLA CELLA ELETTROLITICA REVERSIBILE

In tutte le precedenti applicazioni delle leggi della termodinamica, abbiamo considerato, in generale, sistemi che potevano compiere solamente lavoro meccanico. Ma, come si è già visto nel § 3, il lavoro meccanico e il lavoro elettrico ubbidiscono alle stesse leggi termodinamiche: termodinamicamente, cioè, essi sono equivalenti.

Ciò si deve al fatto che esistono processi mediante i quali è possibile trasformare del lavoro meccanico interamente in energia elettrica e viceversa.

Come esempio di sistema atto a compiere lavoro elettrico, studieremo in questo paragrafo la cella elettrolitica reversibile. Per *cella elettrolitica reversibile* intendiamo una cella che gode della proprietà che, invertendo il senso della corrente che la attraversa, si inverte pure il senso delle reazioni chimiche che in essa avvengono.

Sia v la forza elettromotrice della cella. Il lavoro elettrico compiuto dalla cella quando è attraversata da una quantità e di elettricità è

$$L = ev . \qquad [20.1]$$

Naturalmente questo è l'effettivo lavoro compiuto dalla cella solamente se si ha cura di fare passare in essa solo una corrente molto debole, cioè se si fa avvenire il processo reversibilmente. Altrimenti, dell'energia viene trasformata in calore dentro alla cella per effetto Joule.

Sia $U(T)$ l'energia della nostra cella prima che essa venga attraversata dall'elettricità. Supponiamo $U(T)$ funzione solo della temperatura, poiché il volume della cella si ritiene praticamente invariabile (cioè la cella si ritiene isocora), e per conseguenza si trascurano tutti i possibili effetti che la pressione può avere sull'energia.

Consideriamo ora lo stato della cella dopo che una quantità e di elettricità l'ha attraversata. Il passaggio di elettricità nella cella vi determina dei cambiamenti chimici, e la quantità di sostanza che ha subíto una trasformazione chimica è proporzionale a e. Quindi l'energia della cella non sarà piú $U(T)$, ma sarà variata di una quantità proporzionale a e. Indicando con $U(T, e)$ la nuova energia della cella, avremo allora

$$U(T, e) = U(T) - eu(T), \tag{20.2}$$

dove $u(T)$ è la diminuzione di energia conseguente al passaggio di una unità di quantità di elettricità.

Applichiamo ora l'isócora di van't Hoff [17.11] alla trasformazione isotermica dallo stato iniziale precedente il passaggio di elettricità [energia $= U(T)$] allo stato finale dopo che ne è passata una quantità e (energia data dalla [20.2]). La variazione di energia vale, secondo la [20.2],

$$\Delta U = -eu(T).$$

Il lavoro compiuto è dato dalla [20.1]. Sostituendo nella [17.11] e dividendo entrambi i membri per e, otteniamo

$$v - T\frac{dv}{dT} = u. \tag{20.3}$$

Questa equazione è chiamata *equazione di Helmholtz*; essa stabilisce una relazione tra la forza elettromotrice v e l'energia u. Osserviamo che, se non vi fosse scambio di calore tra la cella e l'ambiente, ci aspetteremmo di trovare $v = u$. Il termine in piú $T\,dv/dT$, che figura nella [20.3], rappresenta l'effetto del calore scambiato (assorbito, o ceduto) dalla cella con l'ambiente quando passa la corrente.

La [20.3] può ottenersi anche direttamente senza fare uso dell'isocora di van't Hoff. Connettiamo la cella a un condensatore variabile di capacità C. La quantità di elettricità assorbita dal condensatore è

$$e = Cv(T) .$$

Consideriamo C e T come variabili che definiscono lo stato del sistema composto dalla cella e dal condensatore. Se variamo di $\mathrm{d}C$ la capacità del condensatore spostandone le armature, il sistema compie un certo lavoro, poiché esse si attraggono. Questa quantità di lavoro è data da [1]

$$\mathrm{d}L = \tfrac{1}{2}\,\mathrm{d}Cv^2(T) .$$

L'energia del nostro sistema è la somma dell'energia [20.2] della cella

$$U(T) - eu(T) = U(T) - Cv(T)u(T)$$

e dell'energia del condensatore $\frac{1}{2}Cv^2(T)$. Dal primo principio della termodinamica [3.5] otteniamo che il calore assorbito dal sistema in una trasformazione infinitesimale durante la quale T e C variano rispettivamente di $\mathrm{d}T$ e $\mathrm{d}C$ è

$$\mathrm{d}Q = \mathrm{d}U + \mathrm{d}L = \mathrm{d}\,[U(T) - Cv(T)u(T) + \tfrac{1}{2}Cv^2(T)] + \tfrac{1}{2}\mathrm{d}Cv^2(T) =$$
$$= \mathrm{d}T\left[\frac{\mathrm{d}U}{\mathrm{d}T} - Cv\frac{\mathrm{d}u}{\mathrm{d}T} - Cu\frac{\mathrm{d}v}{\mathrm{d}T} + Cv\frac{\mathrm{d}v}{\mathrm{d}T}\right] +$$
$$+ \mathrm{d}C[v^2 - uv] .$$

Quindi il differenziale dell'entropia è

$$\mathrm{d}S = \frac{\mathrm{d}Q}{T} = \frac{\mathrm{d}T}{T}\left[\frac{\mathrm{d}U}{\mathrm{d}T} - Cv\frac{\mathrm{d}u}{\mathrm{d}T} - Cu\frac{\mathrm{d}v}{\mathrm{d}T} + Cv\frac{\mathrm{d}v}{\mathrm{d}T}\right] + \frac{\mathrm{d}C}{\mathrm{d}T}[v^2 - uv] .$$

[1] Questa formula si ottiene nel modo seguente. L'energia di un condensatore isolato è $\frac{1}{2}e^2/C$. Se modifichiamo C, il lavoro fatto è uguale alla variazione di energia cambiata di segno, cioè

$$\mathrm{d}L = -\,\mathrm{d}\left(\frac{1}{2}\frac{e^2}{C}\right) = \frac{e^2}{2C^2}\,\mathrm{d}C ,$$

dove si è tenuta costante e perché il condensatore si è supposto isolato. Poiché $e = Cv$, si ottiene la formula usata nel testo.

E poiché dS deve essere un differenziale esatto, otteniamo

$$\frac{\partial}{\partial C}\frac{\frac{\mathrm{d}U}{\mathrm{d}T} - Cv\frac{\mathrm{d}u}{\mathrm{d}T} - Cu\frac{\mathrm{d}v}{\mathrm{d}T} + Cv\frac{\mathrm{d}v}{\mathrm{d}T}}{T} = \frac{\partial}{\partial T}\frac{v^2 - uv}{T},$$

dalla quale si ricava di nuovo la [20.3], effettuando le derivazioni indicate e ricordando che U, u e v sono funzioni solo della temperatura T.

PROBLEMI

1. Discutere mediante la regola delle fasi l'equilibrio di una soluzione satura e del solido della sostanza disciolta.

2. Quanti gradi di libertà ha il sistema composto di una certa quantità di acqua e di una certa quantità di aria? (Si trascurino i gas rari e l'anidride carbonica contenuta nell'aria.)

3. La forza elettromotrice di una cella reversibile è data, in funzione della temperatura, dalla seguente formula:

$$0{,}924 + 0{,}0015\,t + 0{,}0000061\,t^2 \text{ volt},$$

dove t è la temperatura in °C. Trovare il calore assorbito dalla cella quando vi si faccia passare isotermicamente alla temperatura di 18 °C una quantità di elettricità pari a 1 C.

Capitolo 6. Reazioni gassose

21. GLI EQUILIBRI CHIMICI NEI GAS

Consideriamo un sistema gassoso composto di una miscela di idrogeno, ossigeno e vapor d'acqua. I componenti di questo sistema possono reagire chimicamente secondo la seguente reazione chimica:

$$2H_2 + O_2 \rightleftarrows 2H_2O\,.$$

Il simbolo $\rightleftarrows$ indica che la reazione può avvenire da sinistra a destra (formazione di acqua) o da destra a sinistra (dissociazione dell'acqua). Dalle leggi della chimica è noto che per temperatura e pressione assegnate si raggiunge un equilibrio chimico in cui la quantità di vapor d'acqua presente rimane invariata, cosicché non si ha apparentemente né formazione né dissociazione di acqua. In realtà, quando si raggiunge l'equilibrio, la reazione di cui sopra avviene in un senso e nell'altro con uguale frequenza, e la quantità totale di H_2O presente rimane quindi costante. Se si sottrae del vapor d'acqua dal sistema dopo che si è stabilito l'equilibrio, la reazione avviene con maggior frequenza da sinistra a destra fino che si è formata una sufficiente quantità di H_2O e ristabilito un nuovo equilibrio. Se invece si aggiunge del vapor d'acqua, per un certo tempo diventa preponderante la reazione da destra a sinistra. Gli equilibri chimici nei sistemi gassosi sono governati dalla legge dell'azione di massa.

Scriveremo nel modo seguente la forma generale della equazione di una reazione chimica:

$$n_1 A_1 + n_2 A_2 + \ldots + n_r A_r \rightleftarrows m_1 B_1 + m_2 B_2 + \ldots + m_s B_s\,, \quad [21.1]$$

dove $A_1, A_2, \ldots, A_r$ e $B_1, B_2, \ldots, B_s$ sono i simboli che rappresentano rispettivamente le molecole reagenti e le molecole dei prodotti di reazione. Le grandezze $n_1, n_2, \ldots$ ed $m_1, m_2, \ldots$ sono i coefficienti interi della reazione. Indicheremo le concentrazioni delle diverse sostanze espresse in mole per unità di volume mediante i simboli $[A_1], [A_2], \ldots$ e $[B_1], [B_2], \ldots$

Possiamo ora enunciare la *legge dell'azione di massa* nel modo seguente:

Quando in una reazione chimica si raggiunge l'equilibrio, l'espressione

$$\frac{[A_1]^{n_1}[A_2]^{n_2}\ldots[A_r]^{n_r}}{[B_1]^{m_1}[B_2]^{m_2}\ldots[B_s]^{m_s}} = K(T)\,. \quad [21.2]$$

risulta funzione solamente della temperatura.

La grandezza $K(T)$ può assumere dei valori molto diversi per reazioni chimiche diverse. In alcuni casi è molto piccola, e l'equilibrio risulta spostato verso destra, nel senso che, raggiunto tale equilibrio, le concentrazioni delle molecole che figurano nel membro a destra dell'equazione della reazione sono molto piú grandi di quelle delle molecole che compaiono nel membro a sinistra. Se invece $K(T)$ è grande, si verifica la situazione opposta.

È molto istruttivo dare una semplice dimostrazione cinetica della legge dell'azione di massa. L'equilibrio chimico della reazione [21.1] potrebbe essere convenientemente chiamato "equilibrio cinetico", in quanto anche quando si è stabilito l'equilibrio continuano ad avere luogo reazioni tra le molecole. Raggiunto l'equilibrio, però, il numero di reazioni che avvengono per unità di tempo da sinistra a destra nella [21.1] è uguale a quello delle reazioni che avvengono da destra a sinistra, di modo che i due effetti si compensano. Calcoleremo perciò il numero di reazioni che avvengono per unità di tempo da sinistra a destra e lo uguaglieremo al corrispondente numero di reazioni che procedono in senso inverso.

Una reazione da sinistra a destra avviene in conseguenza di una collisione multipla tra n_1 molecole A_1, n_2 molecole $A_2, \ldots, n_r$ molecole A_r. Ovviamente la frequenza di tali collisioni multiple è proporzionale alla n_1-esima potenza di $[A_1]$, alla n_2-esima potenza di $[A_2], \ldots$, alla n_r-esima potenza di $[A_r]$, vale a dire al prodotto

$$[A_1]^{n_1}[A_2]^{n_2}\ldots[A_r]^{n_r}.$$

Quindi la frequenza delle reazioni da sinistra a destra risulterà proporzionale a questa espressione. In quanto poi la temperatura determina la velocità delle molecole, il fattore di proporzionalità $K(T)$ sarà funzione della temperatura. Otteniamo quindi la seguente espressione per la frequenza delle reazioni da sinistra a destra:

$$K'(T)[A_1]^{n_1}[A_2]^{n_2}\ldots[A_r]^{n_r}.$$

Analogamente, per le reazioni nella direzione opposta, troviamo

$$K''(T)[B_1]^{m_1}[B_2]^{m_2}\ldots[B_s]^{m_s}.$$

Ad equilibrio raggiunto, queste due frequenze debbono essere uguali:

$$K'(T)[A_1]^{n_1}[A_2]^{n_2}\ldots[A_r]^{n_r} = K''(T)[B_1]^{m_1}[B_2]^{m_2}\ldots[B_s]^{m_s},$$

ossia

$$\frac{[A_1]^{n_1}[A_2]^{n_2}\ldots[A_r]^{n_r}}{[B_1]^{m_1}[B_2]^{m_2}\ldots[B_s]^{m_s}} = \frac{K''(T)}{K'(T)}.$$

Questa espressione coincide con la [21.2], che traduce la

legge dell'azione di massa, quando si ponga

$$K(T) = \frac{K''(T)}{K'(T)}.$$

Questo semplice ragionamento cinetico non ci dice niente sulla forma della funzione $K(T)$. Con considerazioni termodinamiche, come ora faremo vedere, è possibile non solo dimostrare la legge dell'azione di massa, ma anche ottenere esplicitamente la dipendenza di K da T.

22. LA SCATOLA DI VAN'T HOFF

La trattazione termodinamica degli equilibri delle reazioni gassose si può fare supponendo che esistano delle membrane semipermeabili ideali, dotate delle due seguenti proprietà: 1) una membrana semipermeabile al gas A è completamente impermeabile a tutti gli altri gas; 2) quando una membrana semipermeabile al gas A divide due volumi, ciascuno contenente una miscela di A e qualche altro gas, il gas A passa attraverso la membrana dalla miscela in cui la sua pressione parziale è piú alta a quella in cui la sua pressione parziale è piú bassa. L'equilibrio viene raggiunto quando si ha uguaglianza di pressioni parziali da una parte e dall'altra della membrana.

Si osservi che un gas può passare spontaneamente attraverso una membrana semipermeabile da una regione di pressione totale piú bassa a una di pressione totale piú alta, purché la pressione parziale del gas che passa attraverso la membrana sia piú alta nella regione di minore pressione totale che non nella regione di maggiore pressione totale. Cosí, se una membrana semipermeabile all'idrogeno separa un recipiente che contiene idrogeno alla pressione di 1 atm da un altro che contiene ossigeno a 2 atm, l'idrogeno passerà attraverso la membrana anche se la pressione totale sull'altro lato è doppia.

Osserviamo infine che non esistono in realtà membrane

semipermeabili ideali. La migliore approssimazione a una membrana di questo tipo è un foglio di palladio riscaldato, che si comporta come una membrana semipermeabile all'idrogeno.

Per studiare le condizioni di equilibrio per la reazione chimica [21.1], descriveremo prima un procedimento per mezzo del quale la reazione può essere fatta avvenire isotermicamente e reversibilmente. Questo può farsi mediante la cosiddetta scatola di van't Hoff.

Questa scatola è costituita da un recipiente molto capace, in cui si trovano in equilibrio chimico alla temperatura T grandi quantità di gas A_1, A_2, ... e B_1, B_2, ... Da una parte della scatola (parte sinistra della figura 17) vi è una

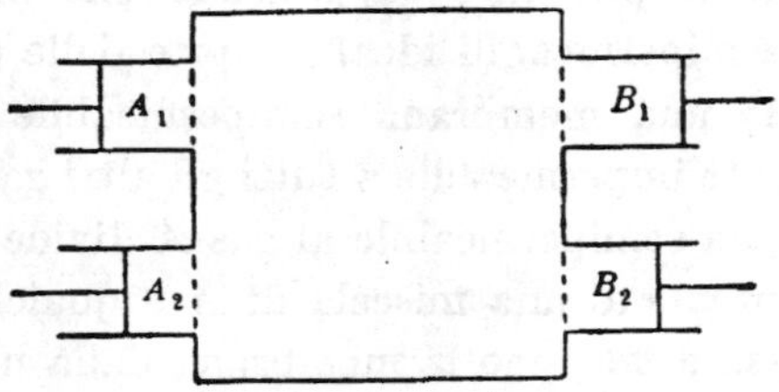

Fig. 17.

fila di r finestre, di cui la k-esima, andando dall'alto in basso, è semipermeabile al gas A_k, mentre dall'altra parte (a destra della figura 17) vi è una fila di s finestre semipermeabili, nello stesso ordine, rispettivamente ai gas B_1, B_2, ..., B_s. (Nella figura 17 si è supposto $r = s = 2$). Dei cilindri dotati di pistoni mobili sono poi connessi a ciascuna finestra esternamente alla scatola, come è mostrato in figura.

Descriveremo ora una trasformazione reversibile isotermica del nostro sistema e calcoleremo direttamente il lavoro L da esso compiuto durante questa trasformazione. Secondo quel che si è detto nel § 17, L deve essere uguale all'energia libera dello stato iniziale meno quella dello stato finale della trasformazione. Confrontando queste due espressioni per L, otterremo il risultato voluto.

Partiamo con il nostro sistema inizialmente in uno stato in cui i pistoni nei cilindri B siano a contatto con le finestre, cosicché questi cilindri abbiano volumi uguali a zero, mentre i pistoni negli r cilindri A siano in posizione tale (fig. 18)

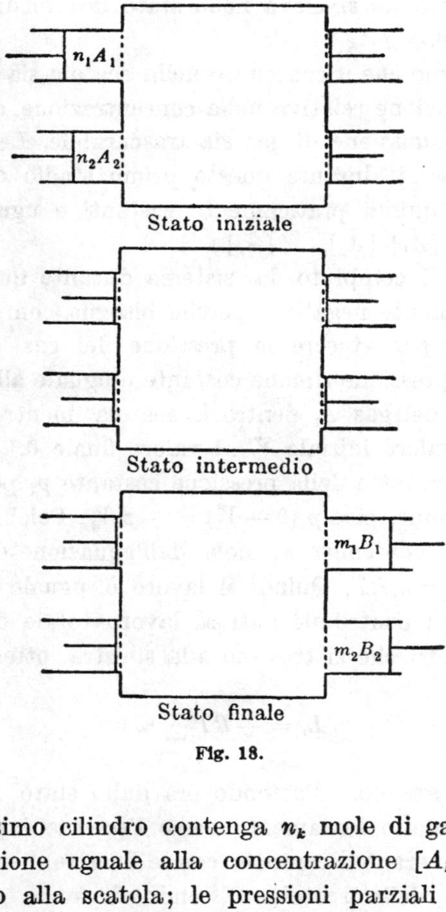

Fig. 18.

che il k-esimo cilindro contenga n_k mole di gas A_k a una concentrazione uguale alla concentrazione $[A_k]$ di questo gas dentro alla scatola; le pressioni parziali del gas su entrambi i lati della membrana semipermeabile sono quindi uguali, e si ha equilibrio.

La trasformazione reversibile dallo stato iniziale allo stato finale può essere effettuata nei due seguenti stadi.

PRIMO STADIO. Partendo dallo stato iniziale (fig. 18), spostiamo i pistoni nei cilindri a sinistra della scatola molto lentamente verso l'interno, finché tutti i gas in essi contenuti siano passati attraverso le membrane semipermeabili dentro alla scatola grande. Alla fine di questo stadio, il sistema si trova nello stato intermedio mostrato in figura 18.

Supponiamo che il contenuto della scatola sia cosí grande che la variazione relativa nella concentrazione conseguente a questa immissione di gas sia trascurabile. Le concentrazioni di gas A durante questo primo stadio del processo rimangono quindi praticamente costanti e uguali ordinatamente a $[A_1], [A_2], \ldots, [A_r]$.

Il lavoro L compiuto dal sistema durante questo stadio è evidentemente negativo, perché bisogna compiere lavoro sui pistoni per vincere la pressione dei gas. Nel primo cilindro la pressione rimane costante e uguale alla pressione parziale p_1 del gas A_1 dentro la scatola, mentre il volume varia dal valore iniziale V_1 al valore finale 0. Il lavoro è uguale al prodotto della pressione costante p_1 per la variazione di volume, cioè $p_1(0 - V_1) = -p_1 V_1$. Poiché il cilindro inizialmente conteneva n_1 mole, dall'equazione di stato abbiamo $p_1 V_1 = n_1 RT$. Quindi il lavoro è uguale a $-n_1 RT$. Sommando i contributi dati al lavoro totale da parte di tutti i cilindri che si trovano alla sinistra, otteniamo

$$L_I = -RT \sum_{i=1}^{r} n_i \, .$$

SECONDO STADIO. Partendo ora dallo stato intermedio, spostiamo molto lentamente verso l'esterno i pistoni (che inizialmente erano a contatto con le finestre) negli s cilindri alla destra della scatola. Essendo il fondo del k-esimo cilindro, contando dall'alto in basso, semipermeabile al gas B_k, questo cilindro assorbirà del gas B_k, e la sua concentrazione nel cilindro sarà uguale a quella del gas dentro la scatola, cioè uguale a $[B_k]$. Spostiamo i pistoni verso l'esterno finché i cilindri, ordinatamente dall'alto verso il basso, contengano $m_1, m_2, ..., m_s$ mole di gas $B_1, B_2, ..., B_s$ rispettivamente. Raggiungiamo cosí lo stato finale della nostra trasformazione mostrato in figura 18. Qui i cilindri A hanno i loro pistoni a contatto con le finestre, cosicché i loro volumi sono zero, mentre i pistoni nei cilindri B sono posti in modo tale che il k-esimo cilindro, andando dall'alto in basso, contiene m_k mole del gas B_k a una concentrazione uguale a quella $[B_k]$ del gas dentro alla scatola. I gas $B_1, B_2, ..., B_s$ nei cilindri e nella scatola sono quindi in equilibrio attraverso i fondi semipermeabili dei cilindri.

Il lavoro compiuto dal sistema durante questo secondo stadio è ovviamente positivo. Questo lavoro L_{II} può essere calcolato come per il primo stadio. Si trova cosí

$$L_{II} = RT \sum_{j=1}^{s} m_j .$$

Il lavoro totale compiuto durante la trasformazione complessiva è la somma di L_I e L_{II}, cioè

$$L = RT \left(\sum_{j=1}^{s} m_j - \sum_{i=1}^{r} n_i\right) . \qquad [22.1]$$

Questo lavoro è uguale alla differenza tra l'energia libera dello stato iniziale e quella dello stato finale. Per calcolare questa differenza, osserviamo che il contenuto della scatola è lo stesso nello stato iniziale e nello stato finale. Infatti, passando da uno stato all'altro, abbiamo dapprima introdotto nella scatola n_1 mole di A_1, n_2 mole di $A_2, ..., n_r$ mole di A_r (primo stadio), e poi estratto m_1 mole di B_1, m_2 mole di $B_2, ..., m_s$ mole di B_s. Ma, secondo l'equazione chimica [21.1], queste quantità introdotte e sottratte nella scatola sono equivalenti. Inoltre, non essendo variati né il volume né la temperatura della scatola, l'equilibrio chimico dei gas in essa contenuti si è andato man mano ristabilendo in modo tale che gli stati iniziali e finali di questi gas sono identici. La sola differenza tra lo stato iniziale e lo stato finale del sistema sta quindi nel contenuto dei cilindri. Ne deriva che la differenza tra le energie libere dei due stati è uguale alla differenza tra l'energia libera dei gas A, contenuti nei cilindri A, nello stato iniziale e l'energia libera dei gas B, contenuti nei cilindri B, nello stato finale.

L'energia libera delle n_1 mole di A_1 nel primo cilindro (stato iniziale) può essere calcolata nel modo seguente. Il volume occupato da 1 mole di gas è evidentemente uguale all'inverso della concentrazione $[A_1]$. L'energia libera di 1 mole di A_1 si ottiene allora dalla [17.13] ponendo in quell'equazione $1/[A_1]$ al posto del volume V di 1 mole. Siccome si hanno n_1 mole di A_1, l'energia libera di questo gas è

$$n_1\{C_{V_1}T + W_1 - T(C_{V_1}\log T - R\log [A_1] + a_1)\ ,$$

dove C_{V_1}, W_1 e a_1 sono il calore molecolare e le costanti dell'energia e dell'entropia per il gas A_1. Usando analoghe notazioni per $A_2, \ldots, A_r$, otteniamo infine l'espressione dell'energia libera dei gas A contenuti inizialmente nei cilindri A:

$$\sum_{i=1}^{r} n_i\{C_{V_i}T + W_i - T(C_{V_i}\log T - R\log [A_i] + a_i)\}\,.$$

L'energia libera dei gas B contenuti nei cilindri B alla fine della trasformazione è data analogamente da

$$\sum_{j=1}^{s} m_j\{C'_{V_j}T + W'_j - T(C'_{V_j}\log T - T\log [B_j] + a'_j)\}\,,$$

dove C_{V_j}, W'_j e a'_j sono il calore molecolare e le costanti dell'energia e dell'entropia del gas B_j.

La differenza tra queste due espressioni deve essere

uguale al lavoro L dato dalla [22.1]. Otteniamo allora

$$RT(\sum_{j=1}^{s} m_j - \sum_{i=1}^{r} n_i) = \sum_{i=1}^{r} n_i\{C_{V_i}T + W_i -$$
$$- T(C_{V_i} \log T - R \log [A_i] + a_i)\} -$$
$$- \sum_{j=1}^{s} m_j\{C'_{V_j}T + W'_j - T(C'_{V_j} \log T - R \log [B_j] + a'_j)\} . \quad [22.2]$$

Dividendo per RT e passando dai logaritmi ai numeri, questa equazione diviene

$$\frac{[A_1]^{n_1}[A_2]^{n_2}\dots[A_r]^{n_r}}{[B_1]^{m_1}[B_2]^{m_2}\dots[B_s]^{m_s}} = \exp\left\{\frac{1}{R}\left(\sum_{j=1}^{s} m_j(R + C'_{V_j} - a'_j) -\right.\right.$$
$$\left.\left. - \sum_{i=1}^{r} n_i(R + C_{V_i} - a_i)\right)\right\} \times T^{\frac{1}{R}\left(\sum_{i=1}^{r} C_{V_i} n_i - \sum_{j=1}^{s} C'_{V_j} m_j\right)} \times$$
$$\times \exp\left(-\frac{\sum_{i=1}^{r} n_i W_i - \sum_{j=1}^{s} m_j W_j}{RT}\right) . \quad [22.3]$$

Il secondo membro di questa equazione è funzione solamente di T. Quindi l'equazione [22.3] non solo dimostra la legge dell'azione di massa [21.2], ma dà anche la forma esplicita della funzione $K(T)$.

Rimandiamo al § 24 la discussione della formula [22.3]; nel prossimo ne daremo un'altra dimostrazione.

23. UN'ALTRA DIMOSTRAZIONE DELL'EQUAZIONE DEGLI EQUILIBRI GASSOSI

In questo paragrafo dedurremo l'equazione [22.3] usando il risultato cui siamo pervenuti nel § 17, il risultato cioè secondo il quale, a una data temperatura e a un dato volume, gli stati di equilibrio di un sistema sono quelli per cui l'energia libera è minima.

Consideriamo una miscela di gas $A_1, \dots, A_r$ e $B_1, \dots, B_s$

alla temperatura T, posti in un recipiente di volume fissato V, che reagiscano chimicamente secondo l'equazione [21.1]. Quando una certa quantità di gas dentro al recipiente prende parte alla reazione chimica, variano le concentrazioni dei vari gas presenti, e di conseguenza varia l'energia libera della miscela. Otterremo ora la condizione di equilibrio per la reazione chimica rendendo minima l'energia libera. Per fare ciò, dobbiamo prima ricavare l'espressione dell'energia libera di una miscela di gas di date concentrazioni.

La legge di Dalton (§ 2) dice che la pressione di una miscela di gas (perfetti) è uguale alla somma delle pressioni parziali dei componenti (la pressione parziale di un componente è la pressione che questo componente eserciterebbe se occupasse da solo lo spazio complessivamente occupato dalla miscela). Questa legge fa vedere che ciascun componente non è influenzato dalla presenza degli altri e mantiene le sue proprietà anche nella miscela. Generalizzando la legge di Dalton, supporremo che in una miscela di gas perfetti l'energia e l'entropia siano pure uguali alla somma delle energie e delle entropie (energie parziali ed entropie parziali) che, alla stessa temperatura della miscela, ciascun componente avrebbe se occupasse da solo il volume complessivamente occupato da essa.

Dalle definizioni [17.5] e [18.1] di energia libera e di potenziale termodinamico a pressione costante, segue ora immediatamente che, per una miscela di gas perfetti, queste quantità sono rispettivamente uguali alla somma delle energie libere parziali e alla somma dei potenziali termodinamici parziali a pressione costante dei componenti.

Fatte queste ipotesi, possiamo ora scrivere l'espressione dell'energia libera della nostra miscela di gas. Per 1 mole di gas A_1, essa è data — come nel paragrafo precedente — dall'espressione

$$C_{V_1}T + W_1 - T(C_{V_1} \log T - R \log [A_1] + a_1).$$

Poiché la concentrazione di A_1 nel volume V è $[A_1]$, sono presenti in tutto $V[A_1]$ mole di gas A_1: L'energia libera parziale di questo componente della miscela è quindi

$$V[A_1]\{C_{V_1}T + W_1 - T(C_{V_1} \log T - R \log [A_1] + a_1)\} .$$

L'energia libera del sistema complessivo si ottiene sommando le energie libere parziali di tutti i componenti della miscela. Facendo questo, otteniamo per l'energia libera totale la seguente espressione:

$$F = V\sum_{i=1}^{r}[A_i]\{C_{V_i}T + W_i - T(C_{V_i}\log T - R\log[A_i] + a_i)\} +$$

$$+ V\sum_{j=1}^{s}[B_j]\{C'_{V_j}T + W'_j - T(C'_{V_j}\log T - R\log[B_j] + a'_j)\} \qquad [23.1]$$

Consideriamo ora una reazione infinitesima del tipo [21.1] (vale a dire una reazione in cui si trasforma una quantità infinitesima di sostanza). Se la reazione avviene da sinistra a destra della [21.1], delle quantità infinitesime di gas $A_1, A_2, \ldots, A_r$ scompaiono e si formano delle quantità infinitesime di gas $B_1, B_2, \ldots, B_s$. Le frazioni di mole di gas $A_1, A_2, \ldots, A_r$ che scompaiono sono rispettivamente proporzionali ai coefficienti $n_1, n_2, \ldots, n_r$, e le frazioni di mole di gas $B_1, B_2, \ldots, B_s$ che si formano in conseguenza della trasformazione sono rispettivamente proporzionali ai numeri $m_1, m_2, \ldots, m_s$. Conseguentemente, per le concentrazioni $[A_1]$, $[A_2]$, ... e $[B_1]$, $[B_2]$, ..., si hanno le variazioni

$$-\varepsilon n_1, -\varepsilon n_2, \ldots, -\varepsilon n_r; \qquad \varepsilon m_1, \varepsilon m_2, \ldots, \varepsilon m_s,$$

dove ε è una costante di proporzionalità infinitesima.

Perché F sia minima, per lo stato che ci interessa, si deve annullare la variazione di F conseguente alla reazione infinitesima considerata. Potendosi poi calcolare questa variazione come se essa fosse un differenziale, si ha

$$\delta F = -\frac{\partial F}{\partial[A_1]}\,\varepsilon n_1 - \frac{\partial F}{\partial[A_2]}\,\varepsilon n_2 - \dots - \frac{\partial F}{\partial[A_r]}\,\varepsilon n_r +$$

$$+\frac{\partial F}{\partial[B_1]}\,\varepsilon m_1 + \frac{\partial F}{\partial[B_2]}\,\varepsilon m_2 + \dots + \frac{\partial F}{\partial[B_s]}\,\varepsilon m_s = 0\,.$$

Dividendo questa equazione per εV e sostituendo le derivate con i loro valori calcolati dalla [23.1], otteniamo la seguente equazione:

$$-\sum_{i=1}^{r} n_i\{C_{V_i}T + W_i - T(C_{V_i}\log T - R\log[A_i] + a_i) + RT\} +$$

$$+\sum_{j=1}^{s} m_j\{C'_{V_j}T + W'_j - T(C'_{V_j}\log T - R\log[B_j] + a'_j) + RT\} = 0\,.$$

È chiaro che questa equazione coincide con l'equazione [22.2]. L'equazione di equilibrio si ottiene quindi immediatamente come nel paragrafo precedente.

24. DISCUSSIONE DEGLI EQUILIBRI GASSOSI; IL PRINCIPIO DI LE CHATELIER

Dalle equazioni [21.2] e [22.3] si può ottenere la forma esplicita della funzione $K(T)$ che compare nel secondo membro della [21.2].[1] Confrontando la [21.2] con la [22.3], otteniamo

$$K(T) = \exp\left\{\frac{1}{R}\left(\sum_{j=1}^{s}(R + C'_{V_j} - a'_j)m_j - \sum_{i=1}^{r}(R + C_{V_i} - a_i)n_i\right)\right\} \times$$

$$\times\, T^{\frac{1}{R}\left(\sum_{i=1}^{r} C_{V_i} n_i - \sum_{j=1}^{s} C'_{V_j} m_j\right)} \times$$

$$\times \exp\left\{-\frac{1}{RT}\left(\sum_{i=1}^{r} n_i W_i - \sum_{j=1}^{s} m_j W'_j\right)\right\}. \qquad [24.1]$$

Per discutere la dipendenza di $K(T)$ dalla temperatura,

[1] $K(T)$ viene spesso chiamata *costante della legge dell'azione di massa*; naturalmente essa è costante solamente se la temperatura è costante.

definiamo dapprima il calore di reazione H della reazione chimica [21.1]. Consideriamo una miscela di gas A e B a volume costante e a una fissata temperatura. Lasciamo reagire questi gas secondo l'equazione [21.1], in modo che $n_1, n_2, \ldots, n_r$ mole di gas $A_1, A_2, \ldots, A_r$ interagiscano per dare luogo a $m_1, m_2, \ldots, m_s$ mole di gas $B_1, B_2, \ldots, B_s$. Si chiama *calore di reazione a volume costante* il calore H sviluppato dal sistema durante questo processo isotermico. La reazione si dice *esotermica* o *endotermica* secondo che il sistema ceda o assorba calore quando essa avviene da sinistra a destra nell'equazione [21.1].

Il sistema non compie lavoro poiché la reazione avviene a volume costante. Il calore assorbito dal sistema ($= -H$) è quindi uguale, secondo il primo principio, alla variazione ΔU della sua energia:

$$H = -\Delta U .$$

Ricordando che l'energia di 1 mole di A_1, per esempio, è uguale a $C_{V_1} T + W_1$ e che i numeri di mole dei gas $A_1, A_2, \ldots, A_r$ e $B_1, B_2, \ldots, B_s$ aumentano rispettivamente, in conseguenza della reazione, di $-n_1, -n_2, \ldots, -n_r$ e $m_1, m_2, \ldots, m_s$, troviamo la seguente espressione per la variazione di energia relativa alla [21.1]:

$$\Delta U = \sum_{j=1}^{s} m_j (C'_{V_j} T + W'_j) - \sum_{i=1}^{r} n_i (C_{V_i} T + W_i) .$$

Il calore di reazione è quindi

$$H = \sum_{i=1}^{r} n_i (C_{V_i} T + W_i) - \sum_{j=1}^{s} m_j (C'_{V_j} T + W'_j) . \qquad [24.2]$$

Prendendo la derivata del logaritmo di [24.1], abbiamo

$$\frac{\mathrm{d} \log K(T)}{\mathrm{d}T} = \frac{\sum_{i=1}^{r} C_{V_i} n_i - \sum_{j=1}^{s} C'_{V_j} m_j}{RT} + \frac{\sum_{i=1}^{r} W_i n_i - \sum_{j=1}^{s} W'_j m_j}{RT^2} .$$

Da questa equazione e dalla [24.2] abbiamo infine

$$\frac{\mathrm{d} \log K(T)}{\mathrm{d}T} = \frac{H}{RT^2}. \tag{24.3}$$

Questa equazione, che è stata dedotta da Helmholtz,[1] mostra chiaramente che $K(T)$ è una funzione crescente o decrescente di T, secondo che il calore di reazione sia positivo o negativo; $K(T)$ cresce con la temperatura per reazioni esotermiche e diminuisce aumentando la temperatura per reazioni endotermiche.

Dalla [21.2] si vede facilmente che un aumento di $K(T)$ implica una variazione delle condizioni di equilibrio nel senso in cui aumentano le concentrazioni dei gas A e diminuiscono le concentrazioni dei gas B, vale a dire uno spostamento dell'equilibrio da destra a sinistra dell'equazione [21.1]. Una diminuzione di $K(T)$, invece, comporta uno spostamento dell'equilibrio da sinistra a destra.

L'effetto di una variazione nelle condizioni esterne, sull'equilibrio di una reazione chimica, è sinteticamente espresso nel *principio di Le Chatelier*. Questo principio, che permette di determinare senza fare calcoli la direzione in cui un cambiamento nelle condizioni esterne tende a spostare l'equilibrio di un sistema termodinamico, si enuncia nel modo seguente:

Se si alterano le condizioni esterne di un sistema termodinamico, l'equilibrio del sistema tende a spostarsi in modo da opporsi al cambiamento delle condizioni esterne.

Pochi esempi serviranno a chiarire il significato di questo principio. Abbiamo già visto che, se la reazione [21.1] è esotermica, un aumento di temperatura sposta l'equilibrio chimico verso il primo membro di tale equazione. Essendo la reazione da sinistra a destra esotermica, lo spostamento dell'equilibrio verso sinistra comporta un assorbimento di

[1] Questa equazione si può dedurre anche applicando direttamente l'isocora di van't Hoff [17.11] a una trasformazione analoga a quella descritta nel § 22.

calore da parte del sistema, e quindi si oppone all'innalzarsi della temperatura.

Come secondo esempio di applicazione del principio di Le Chatelier, studieremo l'effetto di una variazione di pressione (a temperatura costante) sull'equilibrio chimico della reazione [21.1]. Supponiamo che la reazione [21.1] avvenga, per esempio, da sinistra a destra; questo comporta un cambiamento nel numero di mole del nostro sistema gassoso, e precisamente: se

$$n_1 + n_2 + \ldots + n_r < m_1 + m_2 + \ldots + m_s \,, \qquad [24.4]$$

il numero di mole aumenta, se invece vale la disuguaglianza opposta, il numero di mole diminuisce. Nel caso della disuguaglianza [24.4], uno spostamento dell'equilibrio verso destra farà aumentare la pressione, e viceversa. Dal principio di Le Chatelier ci dobbiamo quindi aspettare che un aumento di pressione della miscela gassosa sposti l'equilibrio verso sinistra, vale a dire in una direzione tale da opporsi all'aumento di pressione. (In generale, un aumento di pressione sposterà l'equilibrio in una direzione tale da far diminuire il numero di mole del sistema e viceversa.)

Questa conclusione può trarsi direttamente dalla legge dell'azione di massa [21.2] nel modo seguente. Se aumentiamo la pressione del sistema mantenendo costante la temperatura, le concentrazioni dei componenti la miscela gassosa aumentano. Se l'equilibrio chimico non ne risentisse, le concentrazioni di tutti i componenti verrebbero incrementate secondo lo stesso fattore, e, supponendo valida la [24.4], dovremmo aspettarci una diminuzione del primo membro della [21.2]. Ma, poiché il secondo membro della [21.2] rimane costante, il primo non può diminuire. Quindi l'equilibrio si deve spostare verso sinistra per mantenere costante il primo membro della [21.2].

Concludiamo questo paragrafo osservando che, in generale, le basse pressioni favoriscono i processi di dissociazione, mentre le alte pressioni favoriscono i processi di combinazione.

PROBLEMI

1. Per una reazione chimica del tipo

$$2A = A_2\,,$$

la costante di equilibrio $K(T)$ della legge dell'azione di massa, alla temperatura di 18 °C, è 0,00017. La pressione totale della miscela gassosa è 1 atm. Trovare la percentuale di molecole dissociate.

2. Sapendo che il calore di reazione, per la reazione considerata nel problema 1, è di 50 000 cal/mole, trovare il grado di dissociazione a 19 °C e a 1 atm.

Capitolo 7.
Termodinamica delle soluzioni diluite

25. LE SOLUZIONI DILUITE

Una soluzione si dice *diluita* quando la quantità di soluto è piccola rispetto alla quantità di solvente. Tratteremo in questo paragrafo i princípi fondamentali della termodinamica delle soluzioni diluite.

Consideriamo una soluzione composta di N_0 mole di solvente e di $N_1, N_2, \ldots, N_g$ mole di sostanze diverse, $A_1, A_2, \ldots, A_g$, in esso disciolte. Se la soluzione è molto diluita, sarà

$$N_1 \ll N_0, \; N_2 \ll N_0, \; \ldots, \; N_g \ll N_0 . \qquad [25.1]$$

Come primo problema, ci proponiamo di trovare le espressioni dell'energia, del volume, dell'entropia, ecc., della nostra soluzione diluita. Un'immediata applicazione delle equazioni termodinamiche ci darà poi tutte le proprietà della soluzione diluita.

Consideriamo dapprima l'energia U della nostra soluzione. Sia u l'energia di una frazione di soluzione che contiene 1 mole di solvente. Questa frazione conterrà N_1/N_0 mole di soluto A_1, N_2/N_0 mole di soluto $A_2, \ldots, N_g/N_0$ mole di soluto A_g; la sua energia sarà funzione di T, p e delle grandezze $N_1/N_0, N_2/N_0, \ldots, N_g/N_0$, vale a dire:

$$u = u\left(T, p, \frac{N_1}{N_0}, \frac{N_2}{N_0}, \ldots, \frac{N_g}{N_0}\right). \qquad [25.2]$$

Poiché complessivamente la soluzione contiene N_0 mole di solvente, la sua energia U è

$$U = N_0 u\left(T, p, \frac{N_1}{N_0}, \frac{N_2}{N_0}, \ldots, \frac{N_g}{N_0}\right). \qquad [25.3]$$

Sfruttiamo ora il fatto che, essendo la nostra soluzione diluita, i rapporti N_1/N_0, N_2/N_0, ..., N_g/N_0 sono molto piccoli. Supponiamo quindi che sia possibile sviluppare la funzione [25.2] in serie di potenze di questi rapporti e trascurare tutte le potenze superiori alla prima. Cosí facendo, otteniamo

$$u = u_0(T, p) + \frac{N_1}{N_0} u_1(T, p) + \frac{N_2}{N_0} u_2(T, p) + \ldots + \frac{N_g}{N_0} u_g(T, p).$$

Sostituendo questa espressione nella [25.3], otteniamo

$$U = N_0 u_0(T, p) + N_1 u_1(T, p) + \ldots + N_g u_g(T, p) = \sum_{i=0}^{g} N_i u_i(T, p). \qquad [25.4]$$

Si osservi che, benché i vari termini che figurano nella espressione [25.4] siano formalmente molto simili, il primo termine è molto piú grande di tutti gli altri in conseguenza delle disuguaglianze [25.1].

Seguendo un ragionamento del tutto analogo, si può dimostrare che, ammesso lo stesso ordine di approssimazione precedente, il volume può essere scritto nel modo seguente:

$$V = N_0 v_0(T, p) + N_1 v_1(T, p) + \ldots + N_g v_g(T, p) = \sum_{i=0}^{g} N_i v_i(T, p). \qquad [25.5]$$

Dobbiamo ora ricavare l'espressione dell'entropia della nostra soluzione. A tal fine consideriamo una trasformazione infinitesima reversibile nella quale T e p subiscano rispettivamente le variazioni dT e dp, mentre rimangano invariate le quantità $N_1, N_2, \ldots, N_g$. La variazione di entropia in questa trasformazione è

$$dS = \frac{dQ}{T} = \frac{1}{T}(dU + p\,dV) =$$
$$= \sum_{i=0}^{g} N_i \frac{du_i + p\,dv_i}{T}. \qquad [25.6]$$

E poiché dS è un differenziale esatto per tutti i valori degli N, il coefficiente di ciascun N nella [25.6] deve essere un differenziale esatto. Integrando questi differenziali esatti, otteniamo un insieme di funzioni $s_0(T, p), s_1(T, p), \ldots, s_g(T, p)$ tali che

$$ds_i(T, p) = \frac{du_i + p\,dv_i}{T}. \qquad [25.7]$$

Se ora integriamo la [25.6], otteniamo per l'entropia la seguente espressione:

$$S = \sum_{i=1}^{g} N_i s_i(T, p) + C(N_0, N_1, \ldots, N_g). \qquad [25.8]$$

La costante di integrazione C, che è costante solamente rispetto a T e p, dipende dagli N; nella [25.8] si è messa esplicitamente in evidenza questa dipendenza. Il valore di questa costante può essere determinato nel modo seguente. Poiché non esiste alcuna restrizione sugli intervalli di variabilità di T e di p, l'espressione [25.8] per S vale ancora se si prende p così piccolo e T così grande che l'intera soluzione, compresi i soluti, si trovi allo stato di vapore. Allora il nostro sistema diventa completamente gassoso. Ma, per un tale sistema, già sappiamo che l'entropia è uguale alla somma delle entropie parziali dei gas componenti (§ 23). D'altro canto, l'entropia di 1 mole di gas alla pressione parziale p_i e di peso molecolare C_{p_i} è, secondo l'equazione [14.9],

$$C_{p_i} \log T - R \log p_i + a_i + R \log R. \qquad [25.9]$$

Quindi, per la nostra miscela di gas, abbiamo (essendo la pressione parziale p_i della sostanza A_i uguale a $pN_i/(N_0+ ... +N_g)$, dove p è la pressione totale)

$$S = \sum_{i=0}^{g} N_i \left(C_{p_i} \log T - R \log p \frac{N_i}{N_0 + ... + N_g} + a_i + R \log R \right) =$$

$$= \sum_{i=0}^{g} N_i (C_{p_i} \log T - R \log p + a_i + R \log R) -$$

$$- R \sum_{i=0}^{g} N_i \log \frac{N}{N_0 + ... + N_g} .$$

Confrontando questa espressione con la [25.8], che rimane valida anche per la nostra miscela gassosa, troviamo

$$s_i = C_{p_i} \log T - R \log p + a_i + R \log R ,$$

$$C(N_0, N_1, ..., N_g) = -R \sum_{i=0}^{g} N_i \log \frac{N_i}{N_0 + ... + N_g} . \qquad [25.10]$$

Ora, la costante $C(N_0, N_1, ..., N_g)$ non dipende da T o p; il suo valore [25.10] vale quindi non solamente per la miscela gassosa, ma anche per la soluzione originale, e la [25.8] diviene allora

$$S = \sum_{i=0}^{g} N_i s_i(T, p) - R \sum_{i=0}^{g} N_i \log \frac{N_i}{N_0 + N_1 + ... + N_g} . \qquad [25.11]$$

È conveniente semplificare l'ultimo termine della [25.11] tenendo conto delle disuguaglianze [25.1]. Trascurando i termini di ordine superiore al primo nelle quantità N_1, N_2, ..., N_g, troviamo che

$$N_0 \log \frac{N_0}{N_0 + N_1 + ... + N_g} = N_0 \log \frac{1}{1 + \frac{N_1}{N_0} + ... + \frac{N_g}{N_0}} =$$

$$= N_0 \left(-\frac{N_1}{N_0} - \frac{N_2}{N_0} - ... - \frac{N_g}{N_0} \right) =$$

$$= -N_1 - N_2 - ... - N_g ,$$

e che

$$N_i \log \frac{N_i}{N_0 + N_1 + ... + N_g} = N_i \log \frac{N_i}{N_0} , \qquad (\text{per } i \geqq 1)$$

Quindi

$$S = N_0 s_0(T, p) + \sum_{i=1}^{g} N_i \{s_i(T, p) + R\} - R \sum_{i=1}^{g} N_i \log \frac{N_i}{N_0}.$$

Introduciamo ora, al posto delle funzioni s, le nuove funzioni

$$\left.\begin{aligned} \sigma_0(T, p) &= s_0(T, p) \\ \sigma_1(T, p) &= s_1(T, p) + R \\ \sigma_2(T, p) &= s_2(T, p) + R \\ &\cdots\cdots\cdots \\ \sigma_g(T, p) &= s_g(T, p) + R\,. \end{aligned}\right\} \qquad [25.12]$$

Allora otteniamo

$$S = \sum_{i=0}^{g} N_i \sigma_i(T, p) - R \sum_{i=1}^{g} N_i \log \frac{N_i}{N_0}, \qquad [25.13]$$

(si osservi la differenza nei limiti delle due sommatorie).

Benché le quantità u_i, v_i e σ_i siano, a rigore, funzioni di T e di p, le variazioni di queste quantità dovute a variazioni di pressione sono, in generale, molto piccole, di modo che a tutti gli effetti pratici u_i, v_i e σ_i si possono considerare funzioni solamente di T.[1] Nella teoria delle soluzioni diluite faremo sempre uso di queste approssimazioni. Scri-

[1] Considerare v_i come indipendente da p equivale a considerare trascurabile la piccola compressibilità dei liquidi. Del pari u_i è quasi completamente indipendente da p; infatti, se comprimiamo un liquido isotermicamente, sappiamo dall'esperienza che si ha uno sviluppo di calore molto piccolo. Ne segue, dal primo principio, che la variazione di energia è pure molto piccola. Per vedere che anche σ_i è praticamente indipendente da p, osserviamo che dalle [25.12] e [25.7] si deduce

$$\frac{\partial \sigma_i}{\partial p} = \frac{\partial s_i}{\partial p} = \frac{1}{T}\left(\frac{\partial u_i}{\partial p} + p\,\frac{\partial v_i}{\partial p}\right).$$

Ed essendo u_i e v_i praticamente indipendenti da p, le derivate parziali dell'ultimo membro sono trascurabili; quindi $\partial\sigma_i/\partial p$ è molto piccolo, e σ_i dipende praticamente solo da T.

veremo quindi nel modo seguente le [25.4], [25.5] e [25.13]:

$$\left.\begin{aligned} U &= \sum_{i=0}^{g} N_i u_i(T) \\ V &= \sum_{i=0}^{g} N_i v_i(T), \\ S &= \sum_{i=0}^{g} N_i \sigma_i(T) - R \sum_{i=1}^{g} N_i \log \frac{N_i}{N_0}. \end{aligned}\right\} \qquad [25.14]$$

Con queste espressioni per U, V ed S possiamo scrivere immediatamente le formule per l'energia libera F e il potenziale termodinamico Φ (vedi equazioni [17.5] e [18.1]):

$$\begin{aligned} F &= \sum_{i=0}^{g} N_i [u_i(T) - T\sigma_i(T)] + RT \sum_{i=1}^{g} N_i \log \frac{N_i}{N_0} = \\ &= \sum_{i=0}^{g} N_i f_i(T) + RT \sum_{i=1}^{g} N_i \log \frac{N_i}{N_0}, \end{aligned} \qquad [25.15]$$

dove

$$f_i(T) = u_i(T) - T\sigma_i(T); \qquad [25.16]$$

$$\begin{aligned} \Phi &= \sum_{i=0}^{g} N_i [u_i(T) - T\sigma_i(T) + pv_i(T)] + RT \sum_{i=1}^{g} N_i \log \frac{N_i}{N_0} = \\ &= \sum_{i=0}^{g} N_i \{f_i(T) + pv_i(T)\} + RT \sum_{i=1}^{g} N_i \log \frac{N_i}{N_0}. \end{aligned} \qquad [25.17]$$

26. LA PRESSIONE OSMOTICA

Trattando delle soluzioni, chiameremo membrana semipermeabile una membrana permeabile al solvente e impermeabile ai soluti. In natura si trovano facilmente membrane semipermeabili per soluzioni acquose. Per esempio, le membrane delle cellule degli organismi viventi sono molto spesso semipermeabili. Una membrana semipermeabile artificiale molto conveniente si può ottenere stendendo su una parete di materiale poroso un sottile strato di ferrocianuro di rame.

Quando una soluzione è separata dal solvente puro da una membrana semipermeabile, esiste all'equilibrio una differenza di pressione tra la soluzione e il solvente puro. Questo fatto può essere messo in evidenza mediante il seguente semplice esperimento. Si ponga in un recipiente a pareti semipermeabili una soluzione di zucchero in acqua. Si inserisca ora attraverso la parete superiore del recipiente un tubo verticale, come è mostrato in figura 19,

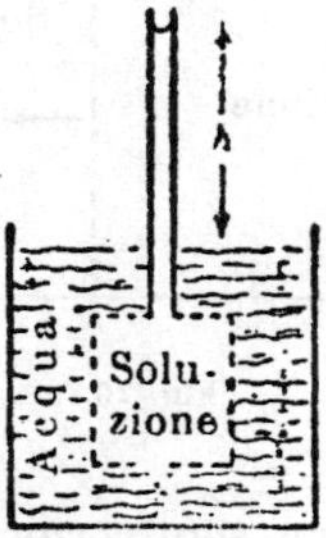

Fig. 19.

dove si sono indicate con linee tratteggiate le pareti semipermeabili del recipiente. L'altezza del menisco in questo tubo serve a indicare la pressione della soluzione dentro al recipiente. Immergiamo ora il recipiente in un bagno di acqua pura; si osserverà che il menisco dentro al tubo si innalza al disopra del livello del bagno di acqua. Questo indica che è passata dell'acqua dal bagno alla soluzione. Si raggiunge l'equilibrio quando il menisco nel tubo si trova a una certa altezza h al disopra del livello del bagno di acqua, e questo fa vedere che la pressione nella soluzione è piú grande della pressione nell'acqua pura. Questa differenza di pressione prende il nome di *pressione osmotica* della soluzione. Se si trascura la piccola differenza di densità tra l'acqua e la soluzione, la pressione osmotica è uguale alla pressione esercitata dalla colonna di liquido h, ed è data dal prodotto:

$$\text{altezza } h \times \text{densità} \times \text{accelerazione di gravità}.$$

Per ottenere termodinamicamente l'espressione della pressione osmotica, facciamo uso del risultato generale che il lavoro fatto da un sistema durante una trasformazione isotermica reversibile è uguale alla variazione di energia libera cambiata di segno. Consideriamo il sistema rappresentato in figura 20. Un recipiente cilindrico è diviso in due

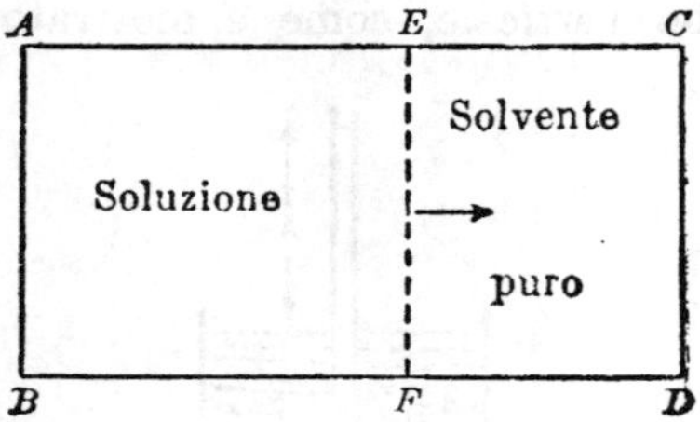

Fig. 20.

parti da una membrana semipermeabile EF parallela alle basi AB e CD. La parte a sinistra del recipiente è riempita con una soluzione composta di N_0 mole di solvente e $N_1, N_2, \ldots, N_s$ mole di diverse sostanze disciolte. La parte a destra è riempita tutta con N_0' mole di solvente puro. Essendo la membrana che separa le due parti del recipiente permeabile al solvente puro, vi sarà un flusso di solvente puro attraverso di essa nelle due direzioni. Quando questi due flussi divengono uguali, il sistema si troverà in equilibrio, e si sarà stabilita una differenza di pressione tra la parte sinistra e la parte destra del recipiente. Questa differenza di pressione P è uguale alla pressione osmotica.

Supponiamo ora che la membrana semipermeabile sia mobile, e consideriamo una trasformazione infinitesima del nostro sistema durante la quale la membrana viene spostata verso destra di un tratto infinitesimo, di modo che il volume a sinistra aumenti di dV e a destra diminuisca della stessa quantità. Poiché la pressione esercitata dalla soluzione sulla faccia sinistra della membrana è piú grande di una quantità P della pressione esercitata sulla faccia destra della membrana dal solvente puro, il lavoro fatto dal sistema è $P\,dV$.

Durante lo spostamento della membrana, una certa quantità (dN_0 mole) di solvente passa da destra a sinistra del recipiente, penetrando nella soluzione e diluendola. I volumi V e V' della soluzione e del solvente puro prima della trasformazione sono, secondo le equazioni [25.14],

$$\left.\begin{aligned} V &= N_0 v_0 + N_1 v_1 + \dots + N_g v_g \\ V' &= N'_0 v_0 . \end{aligned}\right\} \qquad [26.1]$$

Se N_0 aumenta di dN_0, dalla prima equazione otteniamo [1]

$$dV = v_0 \, dN_0 ,$$

e il lavoro fatto dal sistema è quindi

$$P v_0 \, dN_0 . \qquad [26.2]$$

L'energia libera della soluzione è data dalla [25.15], ed è uguale a

$$N_0 f_0 + N_1 f_1 + \dots + N_g f_g + RT\left(N_1 \log \frac{N_1}{N_0} + \dots + N_g \log \frac{N_g}{N_0}\right).$$

L'energia libera del solvente puro si ottiene da questa formula sostituendo N_0 con N'_0 e ponendo $N_1 = N_2 = \dots = N_g = 0$. Si ottiene così

$$N'_0 f_0 .$$

L'energia libera totale del nostro sistema è quindi la somma di queste due:

$$F = (N_0 + N'_0) f_0 + N_1 f_1 + \dots + N_g f_g + RT \sum_{i=1}^{g} N_i \log \frac{N_i}{N_0} .$$

Poiché, in conseguenza della trasformazione, N_0 e N'_0

[1] Poiché N'_0 diminuisce di dN_0, abbiamo $dV' = - v_0 dN_0$; cosicché il volume totale rimane inalterato.

variano rispettivamente di dN_0 e $-dN_0$, la variazione di F è data da

$$\begin{aligned} dF &= \frac{\partial F}{\partial N_0} dN_0 - \frac{\partial F}{\partial N'_0} dN_0 = \\ &= \left\{ f_0 - \frac{RT}{N_0} \sum_{i=1}^{g} N_i \right\} dN_0 - f_0 dN_0 = \\ &= -\frac{RT}{N_0} dN_0 \sum_{i=0}^{g} N_i . \end{aligned}$$

Questa quantità, cambiata di segno, deve essere eguale al lavoro [26.2], essendo la trasformazione reversibile. Si ha cosí

$$Pv_0 dN_0 = \frac{RT}{N_0} dN_0 \sum_{i=1}^{g} N_i ,$$

ossia

$$Pv_0 N_0 = RT \sum_{i=1}^{g} N_i . \qquad [26.3]$$

$N_0 v_0$, che è il volume occupato da N_0 mole di solvente puro, differisce molto poco dal volume V della soluzione diluita (vedi [25.1] e la prima delle equazioni [26.1]). Trascurando questa piccola differenza [1] e sostituendo $N_0 v_0$ con V nella [26.3], otteniamo

$$PV = RT \sum_{i=1}^{g} N_i , \qquad [26.4]$$

ossia

$$P = \frac{RT}{V} (N_1 + N_2 + ... + N_g) . \qquad [26.5]$$

L'espressione della pressione osmotica ora ottenuta è molto simile all'equazione di stato di un gas. Il contenuto della [26.5] può essere enunciato nel modo seguente:

La pressione osmotica di una soluzione diluita è uguale

[1] I termini che cosí si trascurano sono termini quadratici delle concentrazioni dei soluti; questa approssimazione è quindi in linea con quelle già fatte nella teoria delle soluzioni diluite.

alla pressione esercitata da un gas perfetto alla stessa temperatura che occupi lo stesso volume della soluzione e che contenga un numero di mole eguale al numero di mole di soluto sciolto nella soluzione.

Questo semplice risultato termodinamico può essere interpretato facilmente dal punto di vista della teoria cinetica. Consideriamo un recipiente diviso in due parti da una membrana semipermeabile, e contenente solvente puro in ciascuna delle due parti. Potendo il solvente passare liberamente attraverso la membrana semipermeabile, la pressione sarà uguale da una parte e dall'altra della membrana. Sciogliamo ora delle sostanze in una sola delle due parti. Allora la pressione sulla parete della membrana che sta di fronte alla soluzione aumenterà in conseguenza degli urti contro di essa delle molecole delle sostanze disciolte, che non possono attraversarla e che sono in movimento con una velocità v che dipende da T. Quanto piú grande è il numero di molecole disciolte e piú alta è la temperatura, tanto piú numerosi e intensi saranno gli urti per unità di tempo, e quindi tanto piú grande sarà la pressione osmotica. Mediante la teoria cinetica si può dimostrare che le velocità delle molecole delle sostanze disciolte non risentono del fatto di essere in soluzione, ma sono uguali alle velocità che esse possederebbero se si trovassero in stato gassoso. Ne segue che il numero e l'intensità degli urti delle molecole delle sostanze disciolte contro la membrana sono uguali al numero e all'intensità degli urti che si avrebbero per un gas. Le pressioni esercitate nei due casi sono perciò uguali. Per calcolare la pressione osmotica mediante la [26.5], bisogna conoscere il numero totale di mole delle sostanze disciolte nella soluzione. Se i soluti restano chimicamente inalterati in soluzione, questo numero può calcolarsi immediatamente conoscendo i pesi molecolari dei soluti e le percentuali in peso delle sostanze presenti nella soluzione. Per esempio, una soluzione normale, vale a dire una soluzione di 1 mole di soluto in 1 litro d'acqua, ha, a 15 °C, una pressione osmotica

$$P_{\text{normale}} = \frac{R \times 288{,}1}{1\,000} = 2{,}4 \cdot 10^7 \, \text{dyn/cm}^2 = 23{,}7 \text{ atm}\,.$$

In molti casi, tuttavia, quando si scioglie una sostanza, avvengono delle trasformazioni chimiche; cosicché il numero di mole di sostanza non è necessariamente uguale prima e dopo la soluzione. L'esempio piú importante del verificarsi di questa circostanza è quello di un elettrolito disciolto in acqua. Quando si scioglie, per esempio, NaCl in acqua, quasi tutte le molecole di NaCl si dissociano in ioni Na^+ e Cl^-. Il numero di molecole in soluzione è quindi circa il doppio di quello che ci si aspetterebbe di trovare se non vi fosse dissociazione. Alcuni elettroliti, naturalmente, si dissociano in piú di due ioni. Per gli elettroliti forti, la dissociazione è praticamente completa, anche quando la soluzione non è molto diluita. Nel caso degli elettroliti deboli, invece, si stabilisce un equilibrio chimico tra la dissociazione dell'elettrolito in ioni e la ricombinazione di detti ioni; quindi la dissociazione in questo caso è incompleta.

27. GLI EQUILIBRI CHIMICI NELLE SOLUZIONI

Abbiamo già visto che la legge dell'azione di massa [21.2] si applica a reazioni chimiche che avvengono in sistemi gassosi. Dedurremo ora una analoga legge valida nel caso di reazioni chimiche che avvengono in soluzioni.

Indichiamo con A_0 una molecola di solvente e con $A_1, \ldots, A_r$ $B_1, \ldots, B_s$ le molecole dei soluti. Supponiamo poi che i soluti possano reagire tra loro secondo l'equazione

$$n_0 A_0 + n_1 A_1 + \ldots + n_r A_r \rightleftarrows m_1 B_1 + \ldots + m_s B_s\,. \quad [27.1]$$

Se $n_0 \neq 0$, alla reazione partecipa anche il solvente; mentre se $n_0 = 0$, reagiscono solamente i soluti.

Come nel § 23, imporremo la condizione che l'energia

libera sia minima quando si è raggiunto l'equilibrio chimico.[1] L'energia libera della soluzione, secondo la [25.15], è data da

$$F = f_0 N_0 + \sum_{i=1}^{r} f_i N_i + \sum_{j=1}^{s} f'_j N'_j +$$
$$+ RT \left\{ \sum_{i=1}^{r} N_i \log \frac{N_i}{N_0} + \sum_{j=1}^{r} N'_j \log \frac{N'_j}{N_0} \right\}, \qquad [27.2]$$

dove f_i e f'_j sono, per le sostanze disciolte A_i e B_j, le funzioni di T che corrispondono alle funzioni $f_1, \ldots, f_s$ che figurano nell'equazione [25.15], ed N_0, N_i ed N_j sono rispettivamente i numeri di mole di solvente e di sostanze disciolte A_i e B_j.

Come nel § 23, consideriamo ora una reazione infinitesimale isotermica del tipo [27.1], nella quale $N_0, N_1, \ldots, N_r$ ed $N'_1, \ldots, N'_s$ varino rispettivamente di

$$-\varepsilon n_0, -\varepsilon n_1, \ldots, -\varepsilon n_r \qquad \text{ed} \qquad \varepsilon m_1, \ldots, \varepsilon m_s,$$

dove ε è una costante di proporzionalità infinitesima. Poiché nello stato di equilibrio F è minima, la sua variazione si deve annullare quando il sistema raggiunge tale stato. Abbiamo quindi

$$\delta F = -\varepsilon n_0 \frac{\partial F}{\partial N_0} - \varepsilon \sum_{i=1}^{r} n_i \frac{\partial F}{\partial N_i} + \varepsilon \sum_{j=1}^{s} m_j \frac{\partial F}{\partial N'_j} = 0 .$$

Dividendo per ε e calcolando le derivate mediante la [27.2] (le f sono funzioni solamente di T, e quindi non variano durante la trasformazione), troviamo, trascurando tutti i termini proporzionali alle piccole quantità N_i/N_0 e N'_j/N_0,

$$0 = -n_0 f_0 - \sum_{i=1}^{r} n_i \left\{ f_i + RT + RT \log \frac{N_i}{N_0} \right\} +$$
$$+ \sum_{j=1}^{s} m_j \left\{ f'_j + RT + RT \log \frac{N'_j}{N_0} \right\},$$

[1] Le variazioni di volume di una soluzione sono sempre molto piccole; è quindi indifferente considerare la condizione di e libbrio a volume costante o a pressione costante.

ossia

$$\log\left\{\frac{\left(\dfrac{N_1}{N_0}\right)^{n_1}\left(\dfrac{N_2}{N_0}\right)^{n_2}\cdots\left(\dfrac{N_r}{N_0}\right)^{n_r}}{\left(\dfrac{N'_1}{N_0}\right)^{m_1}\left(\dfrac{N'_2}{N_0}\right)^{m_2}\cdots\left(\dfrac{N'_s}{N_0}\right)^{m_s}}\right\}=$$

$$=\frac{\sum_{j=1}^{s} m_j(f'_j+RT)-\sum_{i=1}^{r} n_i(f_i+RT)-n_0f_0}{RT}.$$

Il secondo membro di questa equazione dipende solamente da T. Ponendolo uguale a $\log K(T)$, essendo K un'opportuna funzione della temperatura, otteniamo

$$\frac{\left(\dfrac{N_1}{N_0}\right)^{n_1}\cdots\left(\dfrac{N_r}{N_0}\right)^{n_r}}{\left(\dfrac{N'_1}{N_0}\right)^{m_1}\cdots\left(\dfrac{N'_s}{N_0}\right)^{m_s}}=K(T). \qquad [27.3]$$

Questa equazione esprime la legge dell'azione di massa per gli equilibri chimici in soluzioni.

Quando il solvente non partecipa alla reazione (cioè quando nella [27.1] $n_0 = 0$), la discussione della [27.3] si può fare come nel caso dei gas (§ 24). In particolare, dall'equazione [27.3] segue che, se si diluisce una soluzione, l'equilibrio si sposta nella direzione in cui la dissociazione è crescente. Naturalmente in questo caso non c'è un modo semplice per determinare $K(T)$ come nel caso dei gas. Tutto quel che si può dire è che $K(T)$ è funzione solamente della temperatura.

Per il caso in cui il solvente partecipa alla reazione chimica, consideriamo l'esempio particolarmente importante della reazione

$$H_2O = H^+ + OH^-, \qquad [27.4]$$

vale a dire la dissociazione dell'acqua in idrogenioni e idrossilioni (idrolisi dell'acqua). Siano $[H^+]$ e $[OH^-]$ le concentrazioni degli idrogenioni e degli idrossilioni (numero di mole per cm³). Se consideriamo 1 cm³ di acqua, abbiamo $N_0 = 1/18$. Quindi i rapporti dei numeri di mole di H^+ e OH^- e il numero di mole di acqua sono rispettivamente $18[H^+]$ e $18[OH^-]$. Applicando alla reazione [27.4] l'equazione [27.3], troviamo allora

$$\frac{1}{18^2[H^+][OH^-]} = K(T),$$

ossia

$$[H^+][OH^-] = \frac{1}{18^2 K(T)} = K'(T), \qquad [27.5]$$

dove $K'(T)$ è una nuova funzione della temperatura.

Vediamo da questa equazione che, a temperatura costante, il prodotto delle concentrazioni degli idrogenioni e degli idrossilioni in acqua è una costante.[1] A temperatura ordinaria, questo prodotto è approssimativamente uguale a 10^{-14} se si esprimono le concentrazioni in mole per litro, vale a dire:

$$[H^+][OH^-] = 10^{-14}. \qquad [27.6]$$

In acqua pura, le concentrazioni di H^+ e OH^- sono uguali; quindi in questo caso dalla [27.6] otteniamo

$$[H^+] = [OH^-] = 10^{-7}.$$

Se si aggiunge dell'acido all'acqua, $[H^+]$ aumenta; cosicché, dovendo il prodotto [27.6] rimanere costante, $[OH^-]$ diminuisce corrispondentemente. Accade il contrario se all'acqua si aggiunge una base.

Si usa indicare l'acidità di una soluzione acquosa con il simbolo

$$pH = -\log [H^+]. \qquad [27.7]$$

[1] Dalla legge dell'azione di massa applicata alla reazione [27.4], ci si aspetterebbe che fosse il rapporto $[H^+][OH^-]/[H_2O]$ a essere una funzione della sola temperatura T. Essendo però il denominatore praticamente costante, anche il numeratore deve essere una funzione solamente della temperatura T, in accordo con la [27.5]. Si vede così che la [27.5] è sostanzialmente equivalente alla legge dell'azione di massa nella forma usuale.

(Qui "log" sta a indicare un logaritmo in base 10; la quantità $[H^+]$ è espressa come prima in mole per litro.) Cosí $pH = 7$ indica una soluzione neutra, $pH < 7$ indica una soluzione acida, e $pH > 7$ una soluzione basica.

La trattazione qui svolta sugli equilibri chimici in soluzioni è incompleta, in quanto non si è tenuto conto delle forze elettrostatiche tra gli ioni. Debye e Hückel hanno mostrato che queste forze possono assumere un'importanza notevole e modificare sensibilmente la reazione chimica. Una discussione di questo punto è tuttavia al di fuori dei limiti di questo libro.

28. LA DISTRIBUZIONE DI UN SOLUTO TRA DUE FASI

Siano A e B due liquidi immiscibili (per esempio acqua ed etere etilico) posti a contatto. Sia C una terza sostanza solubile sia in A che in B. Se sciogliamo una certa quantità di C nel liquido A, essa si diffonderà attraverso la superficie di separazione di A e B e in breve C sarà presente, in soluzione, in entrambi i liquidi. La concentrazione di C in B continuerà ad aumentare e la concentrazione di C in A continuerà a diminuire finché non si sarà raggiunto un equilibrio tra le due soluzioni.

Siano N_A ed N_B i numeri di mole dei due solventi A e B, e siano N_1 e N'_1 i numeri di mole del soluto C sciolto rispettivamente in A e B. Il potenziale termodinamico Φ del nostro sistema sarà la somma dei potenziali delle due soluzioni.

Abbiamo dapprima una soluzione di N_1 mole di C sciolte in N_A mole del liquido A. Il potenziale termodinamico a pressione costante di questa soluzione è, secondo la [25.17],

$$\Phi_A = N_A\{f_A(T) + pv_A(T)\} + N_1\{f_1(T) + pv_1(T)\} + \\ + RTN_1 \log \frac{N_1}{N_A}, \qquad [28.1]$$

dove f_A, f_1, v_A e v_1 corrispondono a f_0, f_1, v_0 e v_1 della formula generale [25.17].

Poi abbiamo una soluzione che contiene N_B mole del solvente B ed N_1' mole del soluto C. Il suo potenziale termodinamico è dato da

$$\Phi_B = N_B\{f_B(T) + pv_B(T)\} + N_1'\{f_1'(T) + pv_1'(T)\} + \\ + RTN_1' \log \frac{N_1'}{N_B}, \qquad [28.2]$$

dove le grandezze f_B, f_1', v_B e v_1' corrispondono a f_0, f_1, v_0 e v_1 della [25.17].

Il potenziale termodinamico del sistema complessivo è

$$\Phi = \Phi_A + \Phi_B. \qquad [28.3]$$

Per una data temperatura e una data pressione la condizione di equilibrio è che Φ sia minimo.

Consideriamo una trasformazione infinitesimale del nostro sistema nella quale dN_1 mole di C passano dal liquido B al liquido A. Le quantità N_1 ed N_1' varieranno rispettivamente di dN_1 e $-dN_1$, e la variazione di Φ sarà data da

$$dN_1 \frac{\partial\Phi}{\partial N_1} - dN_1 \frac{\partial\Phi}{\partial N_1'}.$$

Per Φ minimo, quest'espressione deve essere zero. Dividendo per dN_1, otteniamo l'equazione

$$\frac{\partial\Phi}{\partial N_1} = \frac{\partial\Phi}{\partial N_1'}. \qquad [28.4]$$

Facendo uso delle [28.3], [28.2] e [28.1], otteniamo la condizione di equilibrio:

$$f_1(T) + pv_1(T) + RT \log \frac{N_1}{N_A} + RT = \\ = f_1'(T) + pv_1'(T) + RT \log \frac{N_1'}{N_B} + RT,$$

ossia

$$\frac{N_1/N_A}{N_1'/N_B} = \exp\left\{\frac{f_1'(T) - f_1(T) + p[v_1'(T) - v_1(T)]}{RT}\right\} =$$
$$= K(T, p)\,, \qquad [28.5]$$

dove la funzione $K(T, p)$ dipende solamente dalla temperatura e dalla pressione, e non dalle concentrazioni. Il contenuto della [28.5] può essere enunciato nel modo seguente:

Quando due soluzioni diluite dello stesso soluto in due solventi immiscibili diversi sono in contatto e in equilibrio, il rapporto delle concentrazioni delle due soluzioni a una data temperatura e pressione è costante.

Analogo al precedente, è il problema che ora esamineremo. La soluzione di un gas in un liquido si trovi in presenza del gas stesso; trovare la relazione tra la pressione del gas e la concentrazione della soluzione per la quale il sistema è in equilibrio a una data temperatura.

Siano N_0 ed N_1 rispettivamente i numeri di mole del solvente liquido e del soluto gassoso in soluzione; e sia N_1' il numero di mole di gas nella fase gassosa. Essendo le variazioni di volume della soluzione praticamente trascurabili rispetto a quelle della fase gassosa, possiamo trascurare il termine pV nell'espressione del potenziale termodinamico della soluzione e identificarlo con l'energia libera, che, secondo la [25.15], vale

$$N_0 f_0(T) + N_1 f_1(T) + RTN_1 \log\frac{N_1}{N_0}\,. \qquad [28.6]$$

Il potenziale termodinamico della fase gassosa si ottiene dalla [18.5] moltiplicando per il numero N_1' di mole di gas:

$$N_1'[C_pT + W - T(C_p \log T - R\log p + a + R\log R)]\,. \qquad [28.7]$$

Sommando la [28.6] e la [28.7], otteniamo il potenziale termodinamico Φ del sistema complessivo. Come per il problema considerato prima, la [28.4] ci darà la condizione di equilibrio. Sostituendo in essa le espressioni esplicite per le derivate, otteniamo, come equazione di equilibrio,

$$f_1(T) + RT\log\frac{N_1}{N_0} + RT = C_v T + \\ + W - T(C_p \log T - R\log p + a + R\log R),$$

ossia, dividendo per RT e passando dai logaritmi ai numeri,

$$\frac{1}{p}\frac{N_1}{N_0} = \\ = \exp\left\{\frac{C_v T + W - T(C_p \log T + a + R\log R) - f_1(T) - RT}{RT}\right\} = \\ = K(T)\,, \qquad [28.8]$$

dove $K(T)$ è una funzione della temperatura solamente. Il contenuto della [28.8] può essere espresso nel modo seguente:

La concentrazione di una soluzione di un gas in un liquido a una data temperatura è proporzionale alla pressione del gas sovrastante alla soluzione.

In modo analogo si può dimostrare che, se sopra il liquido si ha una miscela di diversi gas, la concentrazione di ciascun gas nella soluzione è proporzionale alla sua pressione parziale nella miscela sovrastante al liquido. La costante di proporzionalità in ciascun caso dipende sia dalla temperatura, sia dalla natura del solvente e del particolare gas considerato.

29. LA TENSIONE DI VAPORE, IL PUNTO DI EBOLLIZIONE E IL PUNTO DI CONGELAMENTO DI UNA SOLUZIONE

La tensione di vapore, il punto di ebollizione e il punto di congelamento di una soluzione non sono gli stessi del solvente puro Questo è un fatto molto importante dal punto di vista pratico, perché, come sarà mostrato in questo paragrafo, le variazioni dei punti di ebollizione e di congelamento, almeno per le soluzioni diluite, sono proporzionali alle concentrazioni molecolari dei soluti. La osservazione di queste variazioni fornisce quindi un metodo molto conveniente per determinare la concentrazione molecolare della soluzione. Supporremo che i soluti non siano volatili, cosicché il vapore della soluzione conterrà solamente il solvente puro. Supporremo inoltre che, quando la soluzione gela, solo il solvente si separi solidificandosi, mentre tutto il soluto rimane ancora in soluzione.

Con considerazioni molto semplici, possiamo ora far vedere che la tensione di vapore di una soluzione a una data temperatura è piú bassa di quella del solvente puro alla stessa temperatura. A tal fine, consideriamo il dispositivo di figura 21. Esso è costituito da un tubo di forma

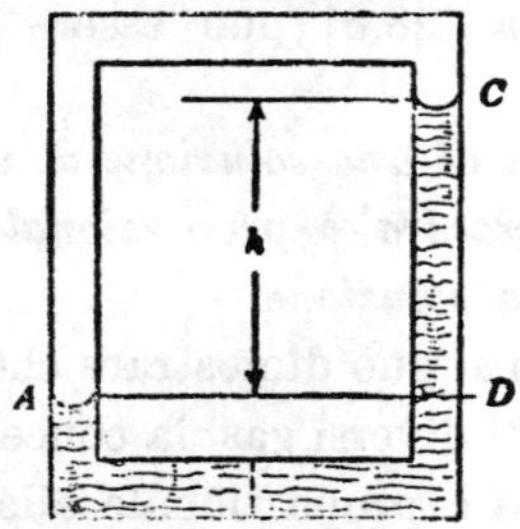

Fig. 21.

rettangolare, in cui il solvente puro e la soluzione sono separati l'uno dall'altra nel lato piú basso da una membrana semipermeabile posta in *B*. I livelli *A* e *C*, rispettivamente del solvente puro e della soluzione, non saranno alla stessa altezza a causa della pressione osmotica: il livello *C* della soluzione sarà piú alto. Siccome il soluto non è volatile, la regione nel tubo sopra *A* e *C* sarà riempita di vapore del solo solvente puro.

Aspettiamo dapprima che si stabilisca l'equilibrio; la tensione di vapore nelle immediate vicinanze del menisco *A* sarà allora quella del vapore saturo in presenza della sua fase liquida, mentre la tensione di vapore in C sarà quella del vapore saturo in equilibrio con la soluzione. È evidente che le pressioni in A e in C non sono uguali, essendo A e C a diverse altezze nel vapore. Siccome poi C sta piú in alto di A, la tensione di vapore in C è piú bassa che in A, vale a dire la tensione di vapore al disopra della soluzione è piú bassa di quella al disopra del solvente puro.

Per calcolare quantitativamente questa differenza di pressione Δp, osserviamo che essa è uguale alla pressione esercitata da una colonna di vapore di altezza h. Se ϱ' è la densità del vapore e g l'accelerazione di gravità, abbiamo

$$\Delta p = \varrho' h g .$$

D'altra parte, la pressione esercitata dalla colonna di liquido CD è uguale alla pressione osmotica P della soluzione. Se ϱ è la densità del solvente puro, per la pressione osmotica abbiamo (trascurando la differenza tra la densità della soluzione e quella del solvente puro, e trascurando la densità del vapore in confronto a quella del liquido)

$$P = \varrho h g .$$

Dividendo la prima equazione per la seconda, otteniamo

$$\frac{\Delta p}{P} = \frac{\varrho'}{\varrho},$$

e quindi

$$\Delta p = P \frac{\varrho'}{\varrho} = P \frac{v_0}{v_0'},$$

dove v_0 e v_0' sono i volumi occupati da 1 mole di solvente puro rispettivamente nella fase liquida e nella fase di vapore (vale a dire v_0 e v_0' sono inversamente proporzionali a ϱ e ϱ'). Sostituendo alla pressione osmotica P il valore che le compete in base alla [26.4] e supponendo che vi sia solo un soluto nella soluzione, otteniamo

$$\Delta p = \frac{RT}{v_0'} \frac{N_1}{N_0}, \qquad [29.1]$$

che rappresenta la differenza tra la tensione di vapore della soluzione e quella del solvente puro.

Il fatto che la tensione di vapore di una soluzione sia piú bassa di quella del solvente puro è connesso direttamente al fatto che il punto di ebollizione di una soluzione è piú alto di quello del solvente puro. Il punto di ebollizione è infatti quella temperatura alla quale la tensione di vapore è 1 atm. Consideriamo il solvente puro al punto di ebollizione; la sua tensione di vapore è 1 atm. Se ora sciogliamo della sostanza in questo solvente, mantenendo costante la temperatura, la tensione di vapore diventerà inferiore a 1 atm. Quindi, per far ritornare il valore della pressione al primitivo valore di 1 atm, dobbiamo innalzare la temperatura della soluzione. Mediante l'equazione [29.1] e l'equazione di Clapeyron, si può facilmente dedurre un'espressione della variazione del punto di ebollizione di una soluzione. Invece di procedere a questo modo, calcoleremo con un metodo diretto sia la diminuzione della tensione di vapore, sia l'aumento del punto di ebollizione di una soluzione.

Consideriamo una soluzione diluita costituita da N_0 mole di solvente e da N_1 mole di soluto in equilibrio con il vapore del solvente puro. Sia N_0' il numero di mole di solvente contenute nella fase vapore. Dalle [25.4], [25.5], [25.11] e [18.1] otteniamo la seguente espressione per il potenziale termodinamico Φ_{sol} della soluzione:

$$\Phi_{sol} = N_0\varphi_0(T, p) + N_1\varphi_1(T, p) + RTN_1 \log \frac{N_1}{N_0},$$

dove

$$\varphi_0(T, p) = u_0 - T\sigma_0 + pv_0 \quad \text{e} \quad \varphi_1 = u_1 - T\sigma_1 + pv_1 .$$

Sia $\varphi_0'(T, p)$ il potenziale termodinamico di 1 mole di vapore del solvente. Il potenziale termodinamico delle N_0' mole della fase vapore è allora

$$\Phi_{vap} = N_0'\varphi_0'(T, p),$$

e il potenziale termodinamico del sistema complessivo è

$$\Phi = \Phi_{sol} + \Phi_{vap} = N_0\varphi_0(T, p) + N_1\varphi_1(T, p) + \\ + RTN_1 \log\frac{N_1}{N_0} + N'_0\varphi'_0(T, p) . \qquad [29.2]$$

La condizione di equilibrio è che Φ sia minimo a pressione e temperatura costanti. Se consideriamo quindi una trasformazione infinitesimale isotermica e isobarica, dobbiamo avere $d\Phi = 0$. Se in una tale trasformazione dN_0 mole di solvente passano dalla fase di vapore alla soluzione (vale a dire, se N_0 e N'_0 variano rispettivamente di dN_0 e $-dN_0$), allora dobbiamo avere

$$d\Phi = dN_0 \frac{\partial\Phi}{\partial N_0} - dN_0 \frac{\partial\Phi}{\partial N'_0} = 0 ,$$

ossia

$$\frac{\partial\Phi}{\partial N_0} = \frac{\partial\Phi}{\partial N'_0} .$$

Sostituendo le derivate che figurano in questa equazione con le loro espressioni esplicite calcolate mediante la [29.2], otteniamo

$$\varphi_0(T, p) - RT\frac{N_1}{N_0} = \varphi'_0(T, p) ,$$

ossia

$$\varphi_0(T, p) - \varphi'_0(T, p) = RT\frac{N_1}{N_0} . \qquad [29.3]$$

Questa equazione esprime la relazione che sussiste tra la temperatura e la tensione di vapore della nostra soluzione.

Sia p_0 la tensione del vapore saturo del solvente puro alla temperatura T. Le quantità T e p_0 soddisfano alla equazione [29.3] ponendo $N_1 = 0$: infatti in questo caso non vi è soluto. Allora si ha:

$$\varphi_0(T, p_0) - \varphi'_0(T, p_0) = 0 . \qquad [29.4]$$

Quando N_1 mole di soluto si sciolgono nel solvente, la

tensione p del vapore diviene

$$p = p_0 + \Delta p\,,$$

dove Δp è una quantità piccola. Sviluppando il primo membro della [29.3] in serie di potenze di Δp fino ai termini del primo ordine, troviamo

$$RT\frac{N_1}{N_0} = \varphi_0(T, p_0) - \varphi_0'(T, p_0) + \Delta p\left\{\frac{\partial\varphi_0(T, p_0)}{\partial p_0} - \frac{\partial\varphi_0'(T, p_0)}{\partial p_0}\right\} =$$
$$= \Delta p\left\{\frac{\partial\varphi_0(T, p_0)}{\partial p_0} - \frac{\partial\varphi_0'(T, p_0)}{\partial p_0}\right\}. \qquad [29.5]$$

Essendo φ_0 il potenziale termodinamico di 1 mole di solvente puro, dalla [18.3] otteniamo

$$\frac{\partial\varphi_0(T, p_0)}{\partial p_0} = v_0\,,$$

dove v_0 è il volume di 1 mole di solvente; del pari,

$$\frac{\partial\varphi_0'(T, p_0)}{\partial p_0} = v_0'\,,$$

dove v_0' è il volume di 1 mole di vapore di solvente puro. Sostituendo queste espressioni nella [29.5], otteniamo

$$\Delta p = -\frac{RT}{v_0' - v_0}\frac{N_1}{N_0}. \qquad [29.6]$$

Poiché il volume v_0' di 1 mole di vapore è piú grande del volume v_0 di 1 mole di liquido del solvente, Δp è negativo; questo significa che la tensione di vapore della soluzione è piú bassa di quella del solvente puro. Se v_0 è trascurabile rispetto a v_0', come noi abbiamo supposto nella deduzione dell'equazione [29.1], l'equazione [29.6] viene a coincidere con la [29.1]. (Il segno meno indica che la tensione di vapore della soluzione è piú bassa di quella del solvente puro.)

L'espressione della diminuzione della tensione di vapore è stata dedotta dall'equazione [29.3]. Mediante la stessa equazione e seguendo un metodo analogo a quello ora usato, possiamo calcolare anche la variazione del punto di ebollizione di una soluzione.

Consideriamo una soluzione a una temperatura tale che la pressione p del suo vapore sia uguale a 1 atm. Sia T_0 il punto di ebollizione del solvente puro e $T = T_0 + \Delta T$ il punto di ebollizione della soluzione. Poiché la tensione di vapore al punto di ebollizione è uguale alla pressione atmosferica p, ne segue che la tensione di vapore del solvente puro alla temperatura T_0 è uguale a p. Essendo poi $N_1 = 0$ per il solvente puro, troviamo dalla [29.3] che

$$\varphi_0(T_0, p) - \varphi_0'(T_0, p) = 0 . \qquad [29.7]$$

Applicando poi la [29.3] alla soluzione, otteniamo

$$\varphi_0(T_0 + \Delta T, p) - \varphi_0'(T_0 + \Delta T, p) = RT \frac{N_1}{N_0} .$$

Sviluppando il primo membro di questa equazione in serie di potenze di ΔT e trascurando tutti i termini di ordine superiore al primo, otteniamo, usando la [29.7], la seguente equazione:

$$\Delta T \left\{ \frac{\partial \varphi_0(T_0, p)}{\partial T_0} - \frac{\partial \varphi_0'(T_0, p)}{\partial T_0} \right\} = RT_0 \frac{N_1}{N_0} .$$

Tenuto ora conto che, secondo la [18.4],

$$\frac{\partial \varphi_0(T_0, p)}{\partial T_0} = -\sigma_0 , \qquad \frac{\partial \varphi_0'(T_0, p)}{\partial T_0} = -\sigma_0' ,$$

dove σ_0 e σ_0' sono le entropie di 1 mole di solvente rispettivamente nella fase di vapore e nella fase liquida, la precedente equazione diviene

$$\Delta T \{ \sigma_0' - \sigma_0 \} = RT_0 \frac{N_1}{N_0} . \qquad [29.8]$$

Sia Λ il calore di vaporizzazione di 1 mole di solvente. Se facciamo evaporare 1 mole di solvente al punto di ebollizione T_0, la quantità di calore assorbita è Λ, e Λ/T_0 è la corrispondente variazione di entropia. Quindi

$$\sigma_0' - \sigma_0 = \frac{\Lambda}{T_0}.$$

Sostituendo questa espressione nell'equazione [29.8], otteniamo

$$\Delta T = \frac{RT_0^2}{\Lambda}\frac{N_1}{N_0}. \qquad [29.9]$$

Questa è l'espressione della differenza tra il punto di ebollizione della soluzione e il punto di ebollizione del solvente puro. Essendo $\Delta T > 0$, il punto di ebollizione della soluzione è piú alto di quello del solvente puro. Da questa equazione si vede inoltre che la variazione del punto di ebollizione è proporzionale alla concentrazione molecolare della soluzione.

Come esempio, applichiamo l'equazione precedente a una soluzione normale di una sostanza in acqua. Per questa soluzione si ha:

$$N_1 = 1, \qquad N_0 = \frac{1000}{18}, \qquad \Lambda = 540 \times 18 \text{ cal},$$

$$R = 1{,}986 \text{ cal}, \qquad T_0 = 373{,}1\ ^\circ\text{K}.$$

(Possiamo esprimere sia R che Λ in calorie, nell'equazione [29.9] perché il loro rapporto è ovviamente adimensionale.) Sostituendo questi valori nella [29.9], si trova

$$\Delta T = 0{,}51\ ^\circ\text{K}.$$

La stessa formula [29.9] può essere usata per calcolare la variazione del punto di congelamento di una soluzione. L'unica differenza consiste nel fatto che, invece di avere una fase di vapore, si ha una fase solida. Λ rappresenta in questo caso il calore assorbito da 1 mole di solvente nel passare isotermicamente dallo stato liquido allo stato solido alla temperatura del punto di congelamento. Questo calore è negativo e uguale a $-\Lambda'$, dove Λ' è il calore di fusione di 1 mole di solvente. Per il caso del congelamento, la [29.9] diviene quindi

$$\Delta T = -\frac{RT_0^2}{\Lambda'}\frac{N_1}{N_0}. \qquad [29.10]$$

Da questa equazione vediamo che il punto di congelamento di una soluzione è piú basso di quello del solvente puro; la diminuzione è proporzionale alla concentrazione molecolare della soluzione.

Nel caso di una soluzione normale in acqua, per la quale

$$N_1 = 1\,, \qquad N_0 = \frac{1000}{18}\,, \qquad \Lambda' = 80 \times 18 \text{ cal}\,,$$

$$R = 1{,}986 \text{ cal}\,, \qquad T_0 = 273{,}1\,°\text{K}\,,$$

troviamo

$$\Delta T = -1{,}85\,°\text{K}\,.$$

Si noti che, in tutte queste formule, N_1 rappresenta l'effettivo numero di mole della sostanza disciolta presente nella soluzione. Per le soluzioni elettrolitiche, quindi, ciascun ione va considerato come una molecola indipendente. Cosí, per il caso degli elettroliti molto forti (con un alto grado di dissociazione), N_1 si ottiene moltiplicando il numero di mole di soluto per il numero di ioni in cui ogni molecola di soluto si dissocia quando è in soluzione.

PROBLEMI

1. Calcolare la pressione osmotica e la variazione dei punti di ebollizione e di congelamento di una soluzione che contiene 30 g di NaCl per litro di acqua.

2. Una soluzione di zucchero ($C_6H_{12}O_6$) in acqua e una soluzione di NaCl in acqua hanno lo stesso volume e la stessa pressione osmotica. Trovare il rapporto dei pesi delle quantità di zucchero e di cloruro di sodio disciolte nelle due soluzioni.

3. Discutere, con la regola delle fasi, l'equilibrio di una soluzione col vapore del solvente.

4. La concentrazione di una soluzione satura (rapporto tra il numero di mole del soluto e il numero di mole del solvente) è funzione della temperatura. Esprimere la derivata logaritmica di questa funzione mediante la temperatura e il calore di soluzione. (Si faccia l'ipotesi che sia possibile applicare le leggi delle soluzioni diluite anche alla soluzione satura. La formula può essere ottenuta applicando un procedimento analogo a quello seguito per derivare l'equazione di Clapeyron.)

Capitolo 8. La costante dell'entropia

30. IL TEOREMA DI NERNST

Abbiamo già visto che la definizione di entropia data dalla formula [12.2]:

$$S(A) = \int_0^A \frac{dQ}{T},$$

dove O è uno stato scelto arbitrariamente, è incompleta, in quanto l'arbitrarietà nella scelta dello stato iniziale introduce nella definizione una costante additiva indeterminata. Questa incompletezza non ha alcuna conseguenza finché si ha a che fare con differenze di entropia. Si dànno tuttavia dei casi, che noi abbiamo già incontrati (per esempio nel trattare gli equilibri gassosi, cap. 6), nei quali è importante conoscere questa costante. In questo capitolo introdurremo e discuteremo un principio che ci permetterà di determinare la costante additiva che compare nella definizione dell'entropia. Questo principio, scoperto da Nernst, viene spesso chiamato *terzo principio della termodinamica*, oppure *teorema di Nernst.* L'enunciato originale di Nernst di questo teorema era valido solo per i sistemi condensati; esso è stato però, in seguito, esteso ai sistemi gassosi. Esso può essere espresso nella forma seguente:

L'entropia di ogni sistema allo zero assoluto può sempre essere posta uguale a zero.

Siccome abbiamo definito solamente differenze di entropia tra due stati di un sistema, dobbiamo interpretare fisicamente questo enunciato del teorema di Nernst come equivalente a dire che tutti i possibili stati di un sistema alla temperatura $T = 0$ hanno la stessa entropia. È quindi ovvio che conviene scegliere uno di questi stati del sistema a $T = 0$ come stato di riferimento O, come si è detto nel § 12; con ciò sarà possibile porre uguale a zero l'entropia dello stato di riferimento.

L'entropia di un qualunque altro stato A del sistema sarà ora definita, includendo la costante additiva, dall'integrale

$$S(A) = \int_{T=0}^{A} \frac{dQ}{T}, \qquad [30.1]$$

da calcolarsi lungo una trasformazione reversibile da un qualunque stato a $T = 0$ (limite inferiore) allo stato A.

In questo libro il teorema di Nernst verrà assunto come postulato. Qualche parola riguardo alla sua giustificazione teorica servirà tuttavia a dimostrarne la plausibilità.

Abbiamo visto che uno stato termodinamico non è uno stato definito esattamente, perché esso corrisponde a un grande numero di stati dinamici.

Questa considerazione condusse Boltzmann a scrivere la relazione [13.3]:

$$S = k \log \pi,$$

dove π è la probabilità dello stato. A rigore π non è la probabilità, ma il numero di stati dinamici che corrispondono allo stato termodinamico che si considera. A prima vista sembra che questo fatto possa dare luogo a serie difficoltà, in quanto vi sono infiniti stati dinamici che corrispondono a un dato stato termodinamico. In meccanica statistica classica si supera questa difficoltà mediante il seguente artificio. Gli stati dinamici di un sistema costituiscono un insieme di ∞^{2f} elementi, dove f è il numero di gradi di libertà del sistema; ogni stato può quindi essere rappresentato da un punto in uno spazio a $2f$ dimensioni, questo spazio prende il nome di *spazio delle fasi del sistema.* Invece di rappresentare lo stato del sistema in maniera esatta, cosa che si potrebbe fare assegnando la posizione del punto nello spazio delle fasi che gli corrisponde, si introduce la seguente rappresentazione approssimata. Si divide lo spazio delle fasi in un certo numero di celle molto piccole, ciascuna di ipervolume τ, e si specifica lo stato assegnando la cella alla quale esso appartiene. In questo modo non si considerano differenti tutti gli stati i cui punti rappresentativi cadono nella medesima cella. Evidentemente questa rappresentazione dello stato del sistema diverrebbe esatta se si prendessero delle celle infinitesime.

La rappresentazione a celle degli stati dinamici di un sistema introduce una discontinuità nel concetto di stato di un sistema, che ci permette di calcolare π mediante l'analisi combinatoria, e quindi, grazie alla relazione di Boltzmann, di dare una definizione statistica dell'entropia. Si deve tuttavia osservare che il valore di π, e quindi anche il valore dell'entropia, dipende dalla dimensione delle celle che si è scelta arbitrariamente; se si prendono delle celle di dimensioni infinitesime, si trova poi che sia π sia S divengono infiniti. Si può però dimostrare che, se si cambia τ, π viene a essere variato dalla presenza di un fattore. Ma dalla relazione di Boltzmann, $S = k \log \pi$, segue che un fattore indeterminato in π origina una costante additiva indeterminata in S. Queste considerazioni ci fanno vedere che la meccanica statistica classica non può portare a una determinazione della costante dell'entropia.

L'arbitrarietà associata a π, e quindi anche all'entropia, nella descrizione classica può essere eliminata ricorrendo ai princípi della teoria quantistica; e ciò in quanto detta teoria introduce in maniera del tutto naturale una discontinuità nella definizione di stato dinamico di un sistema (gli stati quantici discreti), senza ricorrere all'arbitraria suddivisione dello spazio delle fasi in celle. Si può dimostrare che questa discontinuità equivale, ai fini della statistica, a una divisione dello spazio delle fasi in celle di ipervolume h^f, dove h è la costante di Planck ($h = 6{,}55 \times \times 10^{-27}$ cm² g s⁻¹) ed f è il numero di gradi di libertà del sistema. Senza entrare in particolari che escono dai limiti di questo libro, possiamo osservare qui che, in una teoria statistica basata sulla teoria quantistica, scompare ogni indeterminazione nella definizione di π, e quindi anche nella definizione di entropia.

Secondo la relazione di Boltzmann, il valore di π che corrisponde a $S = 0$ è $\pi = 1$. Quindi, interpretato statisticamente, il teorema di Nernst asserisce che *allo stato termodinamico di un sistema allo zero assoluto corrisponde un solo stato dinamico, precisamente lo stato dinamico di minima energia compatibile con la data struttura cristallina o con lo stato di aggregazione del sistema.*

I soli casi in cui il teorema di Nernst può cadere in difetto sono quindi quelli in cui possono esservi piú stati dinamici di minima energia. Ma anche in questo caso il numero di questi stati deve essere grandissimo perché vi siano delle deviazioni apprezzabili [1] dal teorema. Benché dal punto di vista teorico non vi siano ragioni che impediscano di immaginare sistemi di questo tipo, sembra molto improbabile che essi esistano effettivamente in natura. Possiamo quindi supporre il teorema di Nernst valido in generale.

Tratteremo ora alcune delle conseguenze di questo teorema.

31. APPLICAZIONE DEL TEOREMA DI NERNST AI SOLIDI

Consideriamo un solido riscaldato (a pressione costante, per esempio) dalla temperatura dello zero assoluto fino a

[1] Dell'ordine di e^N, dove N è il numero di molecole del sistema.

una certa temperatura T. Sia $C(T)$ la sua capacità termica (a pressione costante) quando la sua temperatura è T. Allora, se la temperatura varia di $\mathrm{d}T$, il solido assorbe una quantità di calore $\mathrm{d}Q = C(T)\,\mathrm{d}T$. L'entropia del corpo a temperatura T è quindi data da (vedi equazione [30.1])

$$S = \int_0^T \frac{C(T)}{T}\,\mathrm{d}T\,. \qquad [31.1]$$

Dall'equazione [31.1] possiamo ottenere una prima conseguenza del teorema di Nernst: osserviamo che, se la capacità termica $C(0)$ allo zero assoluto fosse diversa da zero, l'integrale [31.1] divergerebbe al suo limite inferiore. Dobbiamo quindi avere

$$C(0) = 0\,. \qquad [31.2]$$

Questo risultato è in accordo con le esperienze sui calori specifici dei solidi.

Ci limiteremo, per semplicità, a considerare dei solidi che siano elementi chimici, e faremo i calcoli per un grammoatomo di elemento. In figura 22 è rappresentato

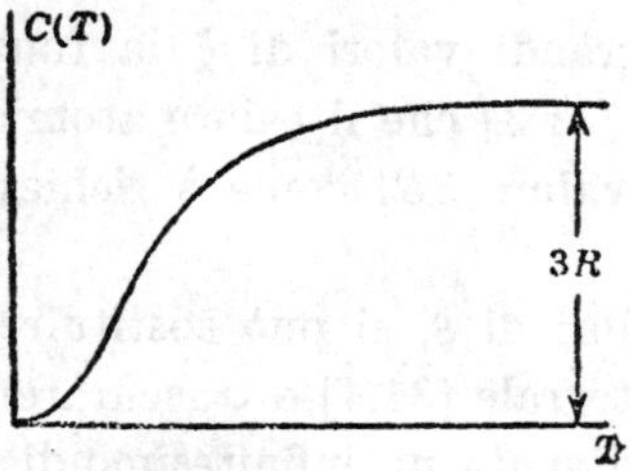

Fig. 22.

graficamente l'andamento dei calori atomici dei solidi in funzione della temperatura, quale risulta sperimentalmente. Dalla figura si vede che il calore atomico si annulla effettivamente allo zero assoluto.

A temperature piú elevate, $C(T)$ si avvicina a un valore

limite, che è approssimativamente lo stesso per tutti i solidi ed è molto vicino al valore $3R$. Siccome praticamente questo valore limite viene già raggiunto a temperature ordinarie, questo fatto traduce la ben nota legge di Dulong e Petit, che si può enunciare come segue:

Tutti gli elementi solidi a temperatura ambiente hanno lo stesso calore atomico, che è uguale a $3R$ *(cioè il prodotto del calore specifico per il peso atomico è lo stesso per tutti i solidi, ed è uguale a* $3R$*).*

Sulla base della teoria quantistica, Debye ha dedotto una formula per i calori specifici degli elementi solidi, che è in ottimo accordo con i dati sperimentali. L'espressione di Debye può essere scritta nella forma seguente:

$$C(T) = 3RD\left(\frac{T}{\theta}\right). \qquad [31.3]$$

dove θ è una costante caratteristica della sostanza, e ha le dimensioni di una temperatura; essa prende il nome di *temperatura di Debye.* D rappresenta la seguente funzione:

$$D(\xi) = 12\xi^3 \int_0^{1/\xi} \frac{x^3\,dx}{e^x - 1} - \frac{3/\xi}{e^{1/\xi} - 1}\,. \qquad [31.4]$$

Siccome per grandi valori di ξ la funzione $D(\xi)$ tende a 1, segue dalla [31.3] che il calore atomico tende alle alte temperature al valore $3R$, come è richiesto dalla legge di Dulong e Petit.

Per piccoli valori di ξ, si può sostituire con ∞ il limite superiore dell'integrale [31.4] e trascurare il secondo termine, poiché esso diventa un infinitesimo di ordine molto elevato quando ξ è infinitesimo. Per $\xi \to 0$, quindi, otteniamo

$$D(\xi) \to 12\xi^3 \int_0^{\infty} \frac{x^3\,dx}{e^x - 1} = \frac{4\pi^4}{5}\,\xi^3\,. \qquad [31.5]$$

Da questa espressione asintotica di $D(\xi)$ si ottiene la seguente espressione per il calore atomico nel limite dell basse temperature:

$$C(T) = \frac{12\pi^4}{5}\frac{R}{\theta^3}T^3 + \dots \qquad [31.6]$$

Da questa espressione si vede che, alle basse temperature, il calore atomico è proporzionale al cubo della temperatura. Questo risultato della teoria di Debye è in ottimo accordo con i dati sperimentali.

Mediante la formula di Debye possiamo calcolare l'entropia di 1 grammoatomo della nostra sostanza sostituendo la [31.3] nella [31.1]. Troviamo allora

$$S = \int_0^T \frac{C(T)}{T}\,\mathrm{d}T = 3R\int_0^T D\left(\frac{T}{\theta}\right)\frac{\mathrm{d}T}{T} = 3R\int_0^{T/\theta} D(\xi)\frac{\mathrm{d}\xi}{\xi}. \qquad [31.7]$$

Se nella [31.7] poniamo al posto di $D(\xi)$ la sua espressione esplicita, otteniamo [1]

$$S = 3R\left\{4\frac{T^3}{\theta^3}\int_0^{\theta/T}\frac{x^3\,\mathrm{d}x}{e^x - 1} - \log\left(1 - e^{-\theta/T}\right)\right\} =$$

$$= 3R\log T + 4R - 3R\log\theta + \dots, \qquad [31.8]$$

[1] Si fa uso della seguente formula:

$$\int_0^{\omega} D(\xi)\frac{\mathrm{d}\xi}{\xi} = 12\int_0^{\omega}\xi^2\,\mathrm{d}\xi\int_0^{1/\xi}\frac{x^3\,\mathrm{d}x}{e^x - 1} - 3\int_0^{\omega}\frac{\mathrm{d}\xi/\xi^2}{e^{1/\xi} - 1},$$

ossia, invertendo l'ordine delle integrazioni nell'integrale doppio e introducendo $1/\xi$ come nuova variabile nel secondo integrale,

$$\int_0^{\omega} D(\xi)\frac{\mathrm{d}\xi}{\xi} = 12\int_0^{1/\omega}\frac{x^3\,\mathrm{d}x}{e^x - 1}\int_0^{\omega}\xi^2\,\mathrm{d}\xi + 12\int_{1/\omega}^{\infty}\frac{x^3\,\mathrm{d}x}{e^x - 1}\int_0^{1/x}\xi^2\,\mathrm{d}\xi - 3\int_{1/\omega}^{\infty}\frac{\mathrm{d}x}{e^x - 1} =$$

$$= 4\omega^3\int_0^{1/\omega}\frac{x^3\,\mathrm{d}x}{e^x - 1} - \log\left(1 - e^{-1/\omega}\right).$$

Per grandi valori di ω, otteniamo la seguente espressione asintotica:

$$\int_0^{\omega} D(\xi)\frac{\mathrm{d}\xi}{\xi} = \frac{4}{3} + \log\omega + \dots$$

dove l'ultima formula è valida per $T \gg \theta$, vale a dire nell'intervallo di temperatura nel quale vale la legge di Dulong e Petit.

Alla luce del teorema di Nernst discuteremo ora la trasformazione di un solido da una forma cristallina a un'altra. Come esempio, consideriamo la trasformazione dello stagno grigio in stagno bianco. Lo stagno grigio è la forma stabile alle basse temperature e quello bianco è la forma stabile alle alte temperature. La temperatura di transizione T_0 è 19 °C, ossia 292 °K.

La trasformazione dello stagno dall'una all'altra di queste forme allotropiche è, sotto molti aspetti, simile alla fusione di un solido. Cosí, per esempio, una certa quantità di calore viene assorbita dallo stagno passando dalla forma grigia alla forma bianca. Questo calore di trasformazione Q è di 535 cal per grammoatomo alla temperatura di transizione.

Benché lo stagno grigio sia la forma stabile al disotto della temperatura di transizione, lo stagno bianco può esistere instabilmente anche a temperature bassissime. È perciò possibile misurare i calori specifici di entrambe le forme di stagno in tutto l'intervallo compreso fra le temperature piú basse e quelle di transizione. I calori atomici delle due forme non sono uguali: il calore atomico dello stagno grigio a una data temperatura è inferiore a quello dello stagno bianco alla stessa temperatura.

La trasformazione da stagno bianco a stagno grigio non è reversibile a temperature inferiori a quella di transizione (infatti, essendo la forma grigia stabile al disotto della temperatura di transizione, la trasformazione avviene spontaneamente soltanto dalla forma bianca a quella grigia). Tuttavia, alla temperatura di transizione, la trasformazione è reversibile.

Se $S_1(T_0)$ ed $S_2(T_0)$ sono le entropie alla temperatura di transizione di 1 grammoatomo di stagno rispettivamente grigio e bianco, allora, applicando la [12.3] alla trasformazione isotermica reversibile che fa passare dalla forma grigia a quella bianca, si ha

$$S_2(T_0) - S_1(T_0) = \int_{\text{grigio}}^{\text{bianco}} \frac{dQ}{T_0} = \frac{Q}{T_0}. \qquad [31.9]$$

Indicando i calori atomici delle forme grigia e bianca rispettivamente con $C_1(T)$ e $C_2(T)$, possiamo esprimere $S_1(T_0)$ ed $S_2(T_0)$ mediante l'equazione [31.1] nel seguente modo:

$$S_1(T_0) = \int_0^{T_0} \frac{C_1(T)}{T} dT, \qquad S_2(T_0) = \int_0^{T_0} \frac{C_2(T)}{T} dT. \qquad [31.10]$$

Otteniamo così dalla [31.9] l'equazione

$$Q = T_0 \left\{ \int_0^{T_0} \frac{C_2(T)}{T} dT - \int_0^{T_0} \frac{C_1(T)}{T} dT \right\}, \qquad [31.11]$$

che esprime il calore di trasformazione Q del processo mediante la temperatura di transizione T_0 e i calori atomici delle due forme di stagno

Per controllare la validità dell'equazione [31.11], eseguiremo numericamente le integrazioni indicate. I risultati delle integrazioni numeriche sono

$$\int_0^{T_0} \frac{C_2(T)}{T} dT = 12{,}30 \text{ cal/°K},$$

$$\int_0^{T_0} \frac{C_1(T)}{T} dT = 10{,}53 \text{ cal/°K}.$$

Essendo $T_0 = 292$ °K, otteniamo dalla [31.11]

$$Q = 292(12{,}30 - 10{,}53) = 517 \text{ cal}.$$

Questo valore e quello osservato sperimentalmente, $Q = 535$

sono in ottimo accordo: la differenza può infatti essere attribuita agli errori sperimentali. Questo fatto depone decisamente a favore della validità del teorema di Nernst.

32. LA COSTANTE DELL'ENTROPIA DEI GAS

Nel § 14 abbiamo calcolato l'entropia di 1 mole di gas perfetto (vedi equazione [14.8]) e abbiamo trovato

$$S = C_V \log T + R \log V + a \, .$$

La costante additiva indeterminata che figura in questa espressione prende il nome di *costante d'entropia* del gas.

Se potessimo applicare il teorema di Nernst direttamente alla formula [14.8] per l'entropia, potremmo sperare di determinare a dalla condizione di annullamento di S per $T = 0$. Se tentiamo di far questo, però, vediamo che il termine $C_V \log T$ che figura al secondo membro della [14.8] diventa infinito, e otteniamo cosí un valore infinito per la costante d'entropia.

La ragione di questa apparente incongruenza del teorema di Nernst, nel caso di gas perfetti, sta nell'ipotesi, assunta come valida per i gas perfetti, che il calore specifico C_V sia costante. All'inizio del paragrafo precedente abbiamo visto però che un'ipotesi del genere è incompatibile con il teorema di Nernst.

Si potrebbe superare questa difficoltà osservando che, in realtà, non esiste alcuna sostanza che si comporti, neppure approssimativamente, come un gas perfetto in prossimità dello zero assoluto: tutti i gas condensano a temperature sufficientemente basse. Quindi, fisicamente, non è lecito applicare la [14.8] a un gas in prossimità di $T = 0$.

Tuttavia, a prescindere da questa considerazione, dalla meccanica quantistica si deduce che il calore specifico di un gas perfetto (definito come un gas di molecole di dimensioni trascurabili e non interagenti) a temperature molto basse diminuisce in modo tale da annullarsi in prossimità di $T = 0$. Anche per un gas perfetto, quindi, la [14.8] può essere applicata solamente se la temperatura non è troppo bassa.

Con considerazioni statistiche, e anche applicando direttamente il teorema di Nernst, è possibile calcolare l'entropia di un gas perfetto per tutte le temperature. Nel limite di alte temperature, l'entropia assume la forma [14.8], con la costante a non indeterminata ma espressa in funzione del peso molecolare e delle altre costanti molecolari del gas.

Il caso piú semplice è quello di un gas monoatomico. L'espressione dell'entropia di 1 mole di gas in questo caso è

$$S = R\left\{\frac{3}{2}\log T + \log V + \log\frac{(2\pi MR)^{\frac{3}{2}}\omega\, e^{\frac{5}{2}}}{h^3A^4}\right\}, \qquad [32.1]$$

dove M è il peso molecolare, h la costante di Planck ($= 6{,}55\cdot 10^{-27}$ unità C.G.S.), A il numero di Avogadro ($= 6{,}03\cdot 10^{23}$), e la base dei logaritmi naturali, e ω un numero intero piccolo che prende il nome di *peso statistico dello stato fondamentale dell'atomo*. Il valore di ω per i diversi atomi si ottiene dalla teoria quantistica; daremo il valore di ω per tutti gli esempi che considereremo.

La formula [32.1] è stata ottenuta per la prima volta da Tetrode e Sackur. Per dimostrare che la [32.1] può essere messa nella forma [14.8], dobbiamo tenere conto della [5.8]. Facendo questo, otteniamo la seguente espressione per la costante d'entropia di 1 mole di gas monoatomico:

$$\begin{aligned} a &= R\log\frac{(2\pi MR)^{\frac{3}{2}}\omega\, e^{\frac{5}{2}}}{h^3A^4} = \\ &= R\left(-5{,}65 + \tfrac{3}{2}\log M + \log\omega\right). \end{aligned} \qquad [32.2]$$

L'entropia di un gas perfetto monoatomico si può anche scrivere in una forma analoga alla [14.9].

$$S = \left\{\frac{5}{2}\log T - \log p + \log\frac{(2\pi M)^{\frac{3}{2}}R^{\frac{5}{2}}\omega\, e^{\frac{5}{2}}}{h^3A^4}\right\}. \qquad [32.3]$$

Non possiamo dare in questo libro una dimostrazione di queste formule; ci limiteremo perciò ad alcuni esempi di applicazione di esse. Come primo esempio, consideriamo il problema del calcolo della tensione di vapore di una sostanza monoatomica solida. Sia p la tensione di vapore della sostanza alla temperatura T. Mantenendo costante la temperatura (e la pressione), facciamo evaporare 1 mole di sostanza aumentando molto lentamente il volume. Durante questo processo, il corpo assorbe dall'esterno una quantità di calore uguale al calore di vaporizzazione (per mole, non per grammo). Questa vaporizzazione di 1 mole di sostanza è reversibile; la variazione di entropia nella trasformazione è quindi

$$S_{\text{vapore}} - S_{\text{solido}} = \frac{\Lambda}{T}.$$

Usando per l'entropia del solido l'espressione approssimata [31.8] e la formula [32.3] per l'entropia del vapore, otteniamo

$$R\left\{\frac{5}{2}\log T - \log p + \log\frac{(2\pi M)^{3/2} R^{5/2} \omega\, e^{5/2}}{h^3 A^4}\right\} - 3R\log T -$$
$$- 4R + 3R\log\theta = \frac{\Lambda}{T},$$

ovvero, passando dai logaritmi ai numeri,

$$p = \frac{(2\pi M)^{3/2} R^{5/2} \omega \theta^3}{e^{3/2} h^3 A^4} \frac{1}{\sqrt{T}} e^{-\Lambda/RT}. \qquad [32.4]$$

Questa formula va confrontata con la formula [15.8], che era stata ottenuta dall'equazione di Clapeyron. Il fattore $1/\sqrt{T}$ della [32.4] deriva dal fatto che si è tenuto conto della dipendenza del calore di vaporizzazione dalla temperatura. Vediamo che il fattore di proporzionalità, che era rimasto indeterminato nella [15.8], è stato ora completamente determinato usando il teorema di Nernst e la formula di Sackur-Tetrode per l'entropia di un gas.

Poiché in molti casi si ha a che fare con la vaporizzazione di un liquido e non di un solido, la [32.4] non può essere usata in generale. Come esempio di vaporizzazione di un liquido, considereremo la vaporizzazione di 1 mole di mercurio; questo elemento ha infatti un vapore monoatomico. Il punto di ebollizione del mercurio è 630 °K. Questo significa che la tensione di vapore del vapore di mercurio saturo a 630 °K è uguale a 1 atm.

Calcoleremo ora l'entropia di 1 mole di mercurio a $T = 630$ °K e $p = 1$ atm con due metodi diversi e confronteremo i due risultati.

PRIMO METODO. La formula di Sackur-Tetrode [32.3] applicata al nostro caso (il peso atomico del mercurio è 200,6) dà

$$S = 191 \cdot 10^7 .$$

SECONDO METODO. Partiamo con 1 mole di mercurio solido allo zero assoluto. La sua entropia, secondo il teorema di Nernst, è zero. Scaldiamo ora la mole di mercurio, mantenendo costante la pressione (uguale a 1 atm), fino a raggiungere il punto di fusione $T_{\text{fusione}} = 234{,}2$ °K. Nel corso di questo processo l'entropia del mercurio aumenta; il suo valore può essere calcolato per $T = 234{,}2$ °K mediante la [31.1]:

$$S_{\text{solido}}(234{,}2) = \int_0^{234.2} \frac{C(T)}{T}\, \mathrm{d}T ,$$

dove $C(T)$ è il calore atomico a pressione costante del mercurio. Questo integrale si può calcolare numericamente usando i valori sperimentali di $C(T)$. Facendo questo, si ottiene

$$S_{\text{solido}}(234{,}2) = 59{,}9 \cdot 10^7 .$$

Facciamo ora fondere alla pressione atmosferica la mole di mercurio. Nel corso di questo processo il corpo assorbe reversibilmente una quantità di calore uguale al calore di fusione di 1 mole di mercurio ($2330 \cdot 10^7$ erg/mole). La relativa variazione di entropia si ottiene dividendo il calore di fusione per la temperatura di fusione: $2330 \cdot 10^7/234{,}2 = 9{,}9 \cdot 10^7$. L'entropia totale della mole di mercurio è data pertanto da

$$S_{\text{liquido}}(234{,}2) = 59{,}9 \cdot 10^7 + 9{,}9 \cdot 10^7 = 69{,}8 \cdot 10^7 \, .$$

Scaldiamo poi il mercurio liquido, innalzandone la temperatura dal punto di fusione a quello di ebollizione. Nel corso di questo processo si ha la seguente variazione di entropia:

$$S_{\text{liquido}}(630) \; S_{\text{liquido}}(234{,}2) = \int_{234{,}2}^{630} \frac{C_l(T)}{T} \, \mathrm{d}T \, ,$$

dove $C_l(T)$ è il calore atomico a pressione costante. Calcoliamo numericamente anche quest'integrale servendoci dei valori sperimentali di $C_l(T)$. Il suo valore è $26{,}2 \cdot 10^7$. Aggiungendo questo valore a quello dell'entropia del mercurio liquido alla temperatura di fusione, otteniamo

$$S_{\text{liquido}}(630) = 69{,}8 \cdot 10^7 + 26{,}2 \cdot 10^7 = 96{,}0 \cdot 10^7 \, .$$

Facciamo infine evaporare il mercurio liquido alla pressione atmosferica. Nel corso di questo processo il mercurio assorbe alla temperatura $T = 630$ °K una quantità di calore uguale al calore di vaporizzazione di 1 mole di mercurio ($59\,300 \cdot 10^7$ erg/mole); la variazione di entropia è quindi $59\,300 \cdot 10^7/630 = 94 \cdot 10^7$. Otteniamo così il valore dell'entropia della mole di vapore di mercurio alla temperatura di ebollizione.

$$S = 96 \cdot 10^7 + 94 \cdot 10^7 = 190 \cdot 10^7 \, .$$

Questo valore è in ottimo accordo con quello trovato direttamente dalla formula di Sackur-Tetrode.

Il risultato ora ottenuto può essere considerato una verifica sperimentale dell'espressione dell'entropia di un gas monoatomico. Calcoli simili sono stati fatti per l'acqua e il carbonio e anche in questi casi si è trovato un ottimo accordo.

33. IONIZZAZIONE TERMICA DI UN GAS: L'EFFETTO TERMOIONICO

Nel capitolo 6 abbiamo dedotto la legge dell'azione di massa (equazione [22.3]) per equilibri chimici in sistemi gassosi. Il coefficiente costante (il fattore che non contiene la temperatura) nel primo membro della [22.3] contiene le costanti d'entropia dei gas che entrano in reazione. La conoscenza di queste costanti ci permette quindi di determinare completamente questo coefficiente.

Siccome abbiamo dato l'espressione della costante d'entropia solamente per un gas monoatomico, dobbiamo scegliere come esempio una reazione nella quale entrino solamente gas monoatomici. È evidente che non vi è nessuna reazione di questo tipo in chimica. Considereremo quindi il seguente processo non chimico.

Quando un gas, per esempio un vapore alcalino, viene riscaldato a temperature molto alte, alcuni dei suoi atomi si ionizzano, vale a dire perdono uno dei loro elettroni diventando degli ioni. Se indichiamo per esempio con Na, Na^+ ed e, rispettivamente gli atomi di sodio, gli ioni di sodio e gli elettroni, il processo che vogliamo considerare può essere rappresentato dalla reazione

$$Na \rightleftarrows Na^+ + e\,. \qquad [33.1]$$

Si trova che, a una data temperatura, questa reazione di ionizzazione raggiunge uno stato di equilibrio termico che è del tutto analogo all'equilibrio chimico per le reazioni chimiche ordinarie.

Nel vapore di sodio a temperature molto alte, quel che si ha in effetti è una miscela di tre diversi gas: sodio neutro Na, con una concentrazione [Na]; ioni di sodio Na^+, con una concentrazione $[Na^+]$; un gas elettronico (gas composto di elettroni liberi), con una concentrazione [e]. Ciascuna di queste tre sostanze si comporta come un gas monoatomico; possiamo quindi applicare al processo di ionizzazione [33.1] i nostri risultati generali, in particolare l'equazione [22.3] della teoria degli equilibri chimici in sistemi gassosi.

Essendo tutti i gas della miscela monoatomici, dobbiamo usare la prima delle espressioni [5.8] per i calori molecolari dei gas. Le costanti d'entropia si possono calcolare mediante l'equazione [32.2], e i pesi statistici ω sono uguali a 2, 1, 2, rispettivamente per il sodio neutro, gli ioni di sodio e gli elettroni. Poniamo $M = 23$, peso atomico del sodio, e prendiamo lo stesso valore anche per il peso atomico dello ione di sodio, trascurando la piccola differenza di massa tra atomo e ione. Il peso atomico degli elettroni (vale a dire la massa dell'elettrone divisa per 1/16 della massa dell'atomo di ossigeno) è $M_e = 1/1830$. Indichiamo infine con W ($= 4{,}91 \cdot 10^{-12}$ erg/mole) l'energia necessaria per ionizzare tutti gli atomi di 1 mole di vapore di sodio. Abbiamo allora

$$\sum m_j W_j - \sum n_i W_i = W_{\text{ioni}} + W_{\text{elettroni}} - W_{\text{atomi}} = W .$$

Facendo le necessarie sostituzioni nell'equazione [22.3], otteniamo infine la seguente equazione, come condizione per l'equilibrio termico nella ionizzazione del vapore di sodio:

$$\frac{[\text{Na}]}{[\text{Na}^+][\text{e}]} = \frac{h^3 A^4}{(2\pi M_e R)^{\frac{3}{2}}} T^{-\frac{5}{2}} e^{W/RT} .$$

Questa formula si può porre in una forma piú conveniente nel modo seguente. Sia x il grado di ionizzazione, ossia la frazione di atomi ionizzati:

$$x = \frac{[\text{Na}^+]}{[\text{Na}] + [\text{Na}^+]} ,$$

e sia $n = [\text{Na}] + [\text{Na}^+]$ la concentrazione totale del sodio (atomi + ioni). Abbiamo allora

$$[\mathrm{Na}^+] = nx\,, \qquad [\mathrm{Na}] = n(1-x)\,.$$

Siccome vi è ovviamente un solo elettrone presente per ciascun ione di sodio, si ha

$$[\mathrm{e}] = [\mathrm{Na}^+] = nx\,.$$

Infine,

$$n\frac{x^2}{1-x} = \frac{(2\pi M_e R)^{\frac{3}{2}}}{h^3 A^4}\,T^{\frac{3}{2}} e^{-W/RT}$$

$$= 3{,}9\cdot 10^{-9}\,T^{\frac{3}{2}}\,10^{-26000/T}\,. \qquad [33.2]$$

Questa formula, dedotta da Saha, permette di calcolare il grado di ionizzazione. Essa ha avuto numerose importanti applicazioni nello studio delle atmosfere stellari.

Come ulteriore applicazione della formula di Sackur-Tetrode, calcoleremo la densità del gas elettronico in equilibrio con una superficie metallica riscaldata. Quando un metallo è riscaldato a una temperatura sufficientemente alta, esso emette un flusso continuo di elettroni. Se scaldiamo un pezzo di metallo in cui vi sia una cavità, gli elettroni, uscendo dal metallo, la riempiranno finché si sarà stabilito uno stato di equilibrio nel quale vengono emessi tanti elettroni per unità di tempo quanti ne vengono assorbiti. Ci proponiamo di calcolare la concentrazione di equilibrio degli elettroni dentro la cavità in funzione della temperatura.

Sia N il numero di mole di elettroni dentro la cavità di volume V. L'entropia di questi elettroni si ottiene dalla [32.1] moltiplicando quell'espressione per N e sostituendo in essa a V, V/N, essendo V/N il volume occupato da 1 mole di gas elettronico. L'energia degli elettroni è, grazie alle formule [5.8] e [5.3],

$$U = N(\tfrac{3}{2}RT + W)\,,$$

dove W è l'energia necessaria per estrarre dal metallo 1 mole di elettroni.

L'energia libera del gas elettronico è data dall'espressione

$$F_{el} = N\left(\frac{3}{2}RT + W\right) - NRT\left\{\frac{3}{2}\log T + \log\frac{N}{V} + \log\frac{(2\pi M_e R)^{3/2}2e^{5/2}}{h^3A^4}\right\},$$

dove si è posto $M_e = 1/1830$ = peso atomico degli elettroni, ed $\omega = 2$ per gli elettroni.

L'energia libera F del sistema complessivo è la somma dell'espressione precedente e dell'energia libera F_M del metallo:

$$F = F_M + N\left[\frac{3}{2}RT + W - RT\left\{\frac{3}{2}\log T + \log V - \log N + \log\frac{2(2\pi M_e R)^{3/2}e^{5/2}}{h^3A^4}\right\}\right]. \qquad [33.3]$$

La condizione di equilibrio è che F sia minima per temperature e volumi assegnati. Supponendo che F_M sia indipendente da N,[1] otteniamo allora

$$0 = \frac{\mathrm{d}F}{\mathrm{d}N} = \frac{3}{2}RT + W - RT\left\{\frac{3}{2}\log T + \log V - \log N + \log\frac{2(2\pi M_e R)^{3/2}e^{5/2}}{h^3A^4}\right\} + RT.$$

E passando dai logaritmi ai numeri, abbiamo

$$\frac{N}{V} = \frac{2(2\pi M_e R)^{3/2}}{h^3A^4}T^{3/2}e^{-W/RT} = 7{,}89\cdot10^{-9}T^{3/2}e^{-W/RT}, \qquad [33.4]$$

che ci dà la formula cercata della concentrazione del gas elettronico nell'interno della cavità.

[1] La giustificazione sperimentale di questa ipotesi sta nel fatto che gli elettroni dentro a un metallo non contribuiscono al calore specifico del metallo: il calore specifico è dovuto esclusivamente al moto degli atomi. Per una trattazione rigorosa di questo punto si consulti un qualunque trattato sulla teoria dei metalli.

PROBLEMI

1. Calcolare il grado di dissociazione del vapore di sodio alla temperatura di 4000 °K e alla pressione di 1 cm di mercurio. (Si tenga conto non solo della pressione dovuta agli atomi di sodio, ma anche del contributo degli ioni e degli elettroni.)

2. Trovare la relazione che intercede tra la temperatura di Debye θ e la temperatura alla quale il calore atomico dell'elemento solido è $3R/2$. (Usare metodi grafici o numerici.)

Indice analitico

Programma di Matematica e Fisica

Paolo Maria Mariano e Luciano Galano

I fondamenti di meccanica dei solidi

La meccanica dei corpi continui deformabili è un settore ampio della fisica matematica che suggerisce problemi teorici non banali, sia per la loro natura concettuale sia per le difficoltà matematiche che presentano, e fornisce strumenti utili alla progettazione tecnologica.
Questo libro introduce il lettore ai temi essenziali della meccanica dei corpi deformabili, con particolare riferimento ai solidi. Si affrontano argomenti di fondamento per la maggior parte classici ma spesso ripensati e presentati da un punto di vista contemporaneo, in modo da preparare il lettore che voglia proseguire il percorso di apprendimento ad affrontare in passi ulteriori le problematiche che emergono nella descrizione della meccanica dei materiali complessi (tra cui troviamo anche quelli biologici, per esempio), quello che è il vasto territorio di confine della ricerca attuale in meccanica dei continui. Numerosi esercizi proposti e sviluppati completano il volume.

Bollati Boringhieri

Programma di Matematica e Fisica

Edoardo Sernesi

Geometria 1

Scopo dell'opera, destinata innanzitutto (ma non esclusivamente) agli studenti dei corsi di studio in Matematica, è di presentare in forma organica gli argomenti che tradizionalmente figurano nei programmi di geometria nelle università italiane: geometria affine ed euclidea, geometria proiettiva, studio di curve algebriche piane. Movendo da considerazioni geometriche elementari, l'autore introduce con gradualità gli strumenti algebrici indispensabili per sviluppare i temi sopracitati. Una scelta, questa, dettata dalla preoccupazione di non sacrificare la genuina essenza geometrica dei concetti con una esposizione esageratamente astratta e formale. D'altra parte la trattazione, pur nel frequente ricorso ad argomentazioni geometriche di tipo euristico, conserva tutto il rigore di un'impostazione assiomatica. Basata sull'algebra lineare, essa pone costantemente l'accento sulla relazione tra i concetti geometrici e la loro traduzione algebrica. I numerosi esempi e le figure rendono più agevole la comprensione della materia, e lo stesso scopo hanno gli esercizi svolti che compaiono alla fine dei vari paragrafi. Talvolta, ma sempre restando a un livello consono a un testo introduttivo, l'esposizione si spinge più in profondità, per consentire itinerari di lettura personalizzati e quindi soluzioni alternative nell'organizzazione dei corsi. In virtù di tale flessibilità, il presente volume può costituire un utile riferimento anche per quanti – studenti di Fisica e di Scienze dell'Informazione – hanno interessi geometrici più delimitati.

Bollati Boringhieri

Programma di Matematica e Fisica

Edoardo Sernesi

Geometria 2

Con il presente volume si completa il ciclo di lezioni di Edoardo Sernesi, una compiuta rassegna dei principali temi geometrici tradizionalmente svolti nel biennio propedeutico del corso di laurea in Matematica, la cui prima parte, *Geometria 1*, ha già riscosso ampio favore, da parte di professori e studenti, per la chiara e organica presentazione della materia. Un taglio didattico, testimoniato dalla presenza di numerosi esercizi (in buona parte svolti) ed esempi, caratterizza anche questa *Geometria 2*. Mentre nel primo volume il tema dominante è l'algebra lineare, in questo l'accento è posto sull'aspetto topologico-differenziale della geometria nelle sue varie forme. Una prima parte tratta della topologia generale, argomento troppo spesso sacrificato nei corsi istituzionali, alla quale per il suo valore formativo sono stati dedicati tre interi capitoli. Segue l'illustrazione della teoria del gruppo fondamentale e dei rivestimenti, primo approccio alla topologia algebrica (un tema che frequentemente trova posto nei corsi avanzati di geometria). Il resto del volume si occupa dei fondamenti della topologia differenziale: studio delle varietà differenziabili e delle loro principali proprietà, geometria differenziale classica di curve e superfici, teoria dell'integrazione sulle varietà differenziabili (trattata più spesso nei testi di analisi matematica, ma con un'impostazione inadatta alle applicazioni geometriche).

Bollati Boringhieri

